JN299034

食品加工学実習・実験

國﨑直道　編

恒星社厚生閣

はじめに

　日本の食生活は豊食時代から飽食時代へと言われるほど豊かになり、世界各国の中でも驚異的なほど、あらゆる食品が出回り豊かな食生活を送っている。また、近年、生活習慣病に対する食品摂取の問題や機能性食品が注目されるようになって、益々、原材料の食品や加工食品に対する関心が高まり、特に、食品の安心・安全が問題となり食品の加工に対する知識と認識が必要となっている。

　しかしながら、加工食品が原材料からどのような工程で生産されているか知られていないのが現状である。

　一般的に原材料を処理することを加工といい、その製品に保存性を持たせた場合を加工食品という。また、原材料や加工した食品に処理を施して食す場合を調理あるいは調理食品と呼んで区別している。

　私達が日常的に利用している食品のほとんどが加工食品であるため、加工食品に対する基礎原理を理解することは重要である。また、実際に加工食品を作ることによって理解度が増し食生活はより楽しく感じると思われる。このテキストは家庭で使用している調理器具を用いて、簡単に作ることができる加工食品を多く集め、自分で作る楽しみを感じさせる内容に編纂してある。実習・実験を伴うため、ある程度の機器類や実験器具が必要になるため、すべて家庭で製造することは不可能である。しかし、一読すれば誰もが理解できるような内容に記載してある。

　わが国は四季に恵まれているため、豊富な農水産物の原材料が入手できるだけでなく、科学技術の発達に伴い四季に関わりなく原材料の入手が可能となっている。また、世界各国から様々な原材料を輸入して供給している。この実習を通じて、食品並びにその加工食品に対する認識を身に着けて戴きたいと考えている。

　この実習書は主に栄養士養成施設校の大学および短期大学ならびに調理師課程の調理実習にも適応できるように記載した。この実習書を使用して加工食品に対する知識と認識が高まることを願っている。なお、本テキストを使用した諸氏のご批判を戴ければ幸いである。

著　者　一　同

著者一覧

（編者・著者）
國﨑　直道（女子栄養大学　名誉教授）

（著　者）［50音順］
青木　隆子（女子栄養大学　名誉教授）
荻原　英子（香川調理製菓専門学校　教授）
西塔　正孝（女子栄養大学　栄養学部実践栄養学科　准教授）
鈴木　平光（女子栄養大学　栄養学部実践栄養学科　元教授）

CONTENTS

1章　加工食品の基礎理論

1・1　加工貯蔵理論（3）	1・2　微生物と温度（3）
1・3　微生物の耐熱性（3）	1・4　微生物の耐寒性（4）
1・5　食品の凍結（5）	1・6　微生物と食品の水分活性（5）
1・7　微生物とpH（8）	1・8　加熱殺菌食品（9）
1・9　脱気（9）	1・10　密封（10）
1・11　殺菌（10）	1・12　冷却（10）
1・13　缶詰（10）	1・14　缶詰の脱気と密封および殺菌（10）
1・15　缶詰・びん詰・袋詰の表示（11）	1・16　缶詰の製造方法（11）
1・17　びん詰の製造方法（12）	1・18　びんの種類（13）
1・19　王冠びんの密封方法（14）	1・20　袋詰の製造方法（14）
1・21　真空包装機器の使用方法（16）	1・22　包装素材の種類（16）

2章　食品加工実習

シラップ漬け ··19
　　みかんのシラップ漬け（19）　もものシラップ漬け（22）
　　パインアップルのシラップ漬け（24）　梨のシラップ漬け（25）
　　りんごのシラップ漬け（26）　イチジクのシラップ漬け（27）

ジャム ··28
　　イチゴジャム（28）　りんごジャム（30）　プルーンジャム（31）
　　ブルーベリージャム（32）　マーマレード（33）　ブドウジャム（35）
　　キウイジャム（36）

ジュース ··37
　　トマトジュース（37）　グレープフルーツの果汁入り飲料（38）
　　パインアップルシャーベット（39）

乳製品 ··40
　　乳酸飲料（40）　バター（42）　ヨーグルト（43）　カッテージチーズ（44）　アイスクリーム（45）

畜肉加工品 ··47

食品加工学　実習・実験　v

　　　　ウインナーソーセージ（47）　食肉の大和煮（49）

魚介類加工品··51
　　　　アサリの佃煮（51）　かまぼこ（52）　魚の粕漬け・味噌漬け（53）
　　　　アジの南蛮漬け（54）

農産加工品··56
　　　　うどん（56）　そば（58）　食パン（丸型焼き）（60）
　　　　フレッシュパスタ（62）　ミックスピザ（64）

大豆製品··65
　　　　味噌（65）　豆腐（67）

漬け物··69
　　　　きゅうりのピクルス（69）　らっきょう甘酢漬け（71）　梅ぼし（72）
　　　　白菜漬け（74）　ぬかみそ漬け（75）　白菜の甘酢漬け（76）

調味料と嗜好飲料··77
　　　　トマトケチャップ（77）　マヨネーズ（79）　トマトソース（80）
　　　　バジルペースト（81）　甘酒（82）

果実酒··83
　　　　梅酒（83）　みかん酒（83）　すもも酒（84）　かりん酒（84）
　　　　いちご酒（84）　くこ酒（84）　またたび酒（85）　しそ酒（85）
　　　　ニンニク酒（85）　レモンチェッロ（86）

3章　品質検査

3・1　pH ··89
　　3・1・1　測定方法（89）

3・2　糖度 ··90
　　3・2・1　測定方法（90）

3・3　水分活性 ··91
　　3・3・1　水分活性測定器の使い方（91）

3・4　食塩の定量 ··92
　　3・4・1　電気的測定法（92）　3・4・2　滴定法（92）

3・5　有機酸の定量 ··93
　　3・5・1　滴定法（93）　3・5・2　計算（93）

3・6 物性測定 …………………………………………………………………94
　3・6・1 破断応力測定（94）

4章　食品加工実習・実験テキスト編

水産加工食品 …………………………………………………………………97
塩干品 ………………………………………………………………………97
　測定方法（97）　1．pHの測定（97）　2．水分活性測定（98）
　3．アジ開き干し製品のNaCl量の測定（98）　4．生菌数測定（98）

練り製品 ……………………………………………………………………100
　測定方法（101）　1．pHの測定（101）　2．かまぼこの弾力試験（101）

農産加工食品 …………………………………………………………………102
マーマレード ………………………………………………………………102
　測定方法（103）　1．pHおよび糖度の測定（103）　2．水分活性測定（103）

グレープフルーツの果汁入り飲料 ………………………………………104
　測定方法（105）　1．pHの測定（105）　2．糖度の測定（105）

乳製品 …………………………………………………………………………106
ヨーグルト …………………………………………………………………106
　測定方法（107）　1．pHの測定（107）　2．乳酸量の測定（107）
　3．乳酸菌数の測定（108）

乳酸飲料 ……………………………………………………………………109
　測定方法（110）　1．pHの測定（110）　2．糖度の測定（110）

アイスクリーム ……………………………………………………………111
　測定方法（112）　1．オーバーランの測定（112）
　2．アイスクリームの顕微鏡観察（112）

レポート用紙　例 …………………………………………………………113

付表 ………………………………………………………………………………114
索引 ………………………………………………………………………………120

加工食品の基礎理論

1 章

私達が日常摂取している食品は農産物，水産物，畜産物の三つに大別できる．これらの食品は収穫後，人々の食卓に上るまでの間に様々な方法で加工され，また，調理されて消費されている．調理と加工という言葉をあえて分けるならば，調理とは主に家庭や飲食店で料理され，ただちに食されるものをいい，加工とは主に工場などで大規模に製造・調理された食品で，ある程度の保存期間（消費期限および賞味期限）があり，『販売経路を通して消費される特色を持つ』ということができる．狭義には単なる洗浄や整形なども加工に入る．加工食品は食生活の多様化と共に，今後，益々増加すると思われる．

1・1 加工貯蔵理論

食品には多かれ少なかれ各種栄養素が含まれているため，放置しておくと腐敗現象が生じる．腐敗とは一般に食品に細菌，酵母，カビなどの微生物が繁殖し，食用に供することができなくなる状態をいう．食品の腐敗を防ぐには食品に付着している微生物の繁殖を阻止するか，死滅させるか，いずれかの方法を取らねばならない．微生物の繁殖を阻止するには，食品中の水分含量の低下（水分活性の低下），食品の保存温度やpHの低下あるいは保存料の添加などの方法を行っている．場合によっては，これらの方法を併用する場合もある．一方，微生物を死滅させる方法は一般的に加熱殺菌法が利用されている．近年，一部の食品では放射線殺菌や殺菌剤の使用も行われている．

1・2 微生物と温度

微生物の種類は極めて多く，また，その分類方法も種々存在する．一般的に微生物の発育には最適温度域があり，これを外れると高温側でも低温側でも発育速度は遅くなり，場合によっては死滅する．微生物の最適温度域（Optimum temperature）は微生物の種類により異なる．一般に好冷細菌（Psychrophiles），低温細菌（Psychrotrophs），中温細菌（Mesophiles），好熱細菌（Thermophiles）の4つに大別できる．表1にこれらの微生物の発育温度域を示した．なお，この温度域の数値は微生物の種類や水分活性，pH，栄養成分組成などによって異なるため絶対的なものではない．

表1　発育可能な温度域による微生物の分類

微生物	発育温度（℃）		
	最低温度域	最適温度域	最高温度域
好冷細菌（Psychrophiles）	−10〜5	12〜15	15〜20
低温細菌（Psychrotrophs）	−5〜5	25〜30	30〜35
中温細菌（Mesophiles）	5〜10	25〜45	45〜55
高温細菌（Thermophiles）	30〜45	50〜90	70〜90

1・3 微生物の耐熱性

微生物の耐熱性を表2に示した．微生物は最高発育温度より10〜15℃上昇すると死滅するため，これを利用して加熱殺菌を行っている．一般に胞子を形成しない腐敗菌や病原菌は60℃，30分程度の加熱でほとんど死滅する．胞子を形成する*Bacillus*や*Clostridium*は耐熱性が高い．その

ため，高温で長時間殺菌するか間歇殺菌を行っている．表2に示したようにカビや酵母類は *Esherichia coli*（大腸菌）と同程度の耐熱性である．しかし，カビの *Penicillium* 菌は耐熱性が高く82℃，1000分にも耐えることができる．なお，表2に示した菌の耐熱性は温度や発育条件などの環境によって異なる．そのため，食品を殺菌する場合，微生物の耐熱性を正確に判断しなければならない．

表2　微生物の耐熱性

微生物	耐熱性 温度(℃)	耐熱性 時間(分)	微生物	耐熱性 温度(℃)	耐熱性 時間(分)
Pseudomonas fragi	50	35	*Lact. plantarium*	65〜75	15
Ps. chlororaphis	63	10	*Lact. bulgaricus*	71	30
Ps. fluorescens	53	25	火落菌	60	10
Serratia sp.（低温性）	30	30	*Micrococcus* sp.	61〜65	>30
Vibrio marinus（低温性）	25	80	*Bacillus* 胞子	100	2〜1200
Sarcina marina	55	20	*Clostridium* 胞子	100	5〜800
Sal. typhimurium	55	10*	酵母	50〜60	10〜15
Sal. typhi	60	5	*Can. utilis*	55	10
Sal. senftenberg	60	6*	*Can. nivalis*（低温性）	45	120
Staph. aureus	60	18	*Hansenula anomala*	50	30*
E. coli	60	5〜30	*Sacch. rouxii*	50	14*
Acetobacter roseus	50	5	*Sacch. cerevisiae*	50	9*
Acetobacter aceti	60	10	カビ	60	5〜10
	80	5	カビ（*Penicillium* 菌核）	82〜85	1000
Strept. thermophilus	70〜75	15		90〜100	300
Microbacterium sp.	80〜85	>10	*Asp. niger*（胞子）	50	4*

＊：D値…微生物の耐熱性の表示法の一つであるが，所定の温度で微生物を90％死滅させる（1/10になる）のに要する時間（分）．この値は細菌の耐熱性を比較する時に有効である．

1・4　微生物の耐寒性

微生物は最低発育温度以下になると，大部分は発育が停止し一部の微生物は死滅する．腐敗菌や病原菌の最低発育温度は5〜10℃にあるため，ほとんどの食品は冷蔵または凍結すると長時間の保存が可能となる．しかし，食品に付着する微生物はその種類や栄養成分，保存温度などの環境によって耐寒性は大きく変わる．

冷凍食品では食品が凍結されても微生物の細胞内までは一般的に凍結されないため，微生物の死滅はほとんどないと考えてよい．表3に大鮃（おひょう）の冷蔵温度と貯蔵期間による細菌の減少割合を示した．細菌の減少割合は冷蔵温度によって異なる．例えば−10℃で178日間保存すると，96.4％生存し，また，−20℃で保存すると39.0％が生存し，貯蔵中における微生物の死滅は非常に少ないことがわかる．以上のことから食品の冷蔵および冷凍時においては，その処理工程を衛生的

に，しかも敏速に行う必要がある．

1・5 食品の凍結

食品の凍結方法は緩慢凍結と急速凍結の二つに大別できる．緩慢凍結法は凍結時に食品中の氷結晶が大きくなり，食品の組織を破壊し，また，解凍時に多量のドリップを生じる．これに対して急速凍結では氷結晶が小さく，食品の組織が破壊されず，また，解凍時におけるドリップ量が少ない．そのため，現在，食品の凍結には急速凍結法が利用されている．

食品衛生法では冷凍食品は「製造し，または加工した食品（食肉製品および鯨肉製品，魚肉練り製品ならびにゆで卵を除く）および切り身またはむき身にした生鮮魚介類（生かきを除く）を凍結したものであって，容器包装に入れられたものに限る」と定義し－15℃以下で保存することになっている．なお，JAS法では保存基準温度を限定していないが，調理冷凍食品には－18℃以下で保存すること，となっておりCodex規格（Codex：国際食品規格委員会）に準拠している．冷凍食品は生鮮魚介類などのような素材冷凍食品と，ハンバーグ，コロッケ，シューマイ，枝豆，ミックスベジタブルなどの半調理または調理済みの調理冷凍食品の二つに大別している．なお，日本冷凍食品協会の自主規格では冷凍食品は，①前処理してあること，②急速冷凍したもの，③－18℃以下で保存されたもの，④包装されていること，の4つの条件を付けている．冷凍食品は急速凍結して最大氷結晶生成帯である－1～－5℃の温度帯を速やかに，通過させなければならない．一般の冷凍食品は－20～－40℃で急速冷凍するが，マグロでは－70～－80℃で冷凍し，保存も－30℃以下で保存している[*1]．

表3 冷蔵温度による大鮃肉の細菌数減少割合

冷蔵温度 (℃)	冷蔵の長さ（日数）					
	0	115	178	192	206	220
－10	100	6.1	3.6	2.1	2.1	2.5
－15	100	16.8	10.4	3.9	10.1	8.2
－20	100	50.7	61.0	57.4	55.0	53.2

（肉1g当たりの初期の細菌数280,000を100とする）

1・6 微生物と食品の水分活性

微生物が発育するためには水が必須であり，水がなければ微生物は発育も繁殖もできない．食品から水を除去して保存する方法は太古から干物や燻製に使用されてきた．食品中の水は自由水と結合水の形で存在するが，微生物が利用できるのは自由水である．微生物の発育が容易になったり，困難になったりするのは，食品中の水の在り方が重要な因子となっている．食品中の水の状態を表す方法として水分活性（Water activity：Aw）という概念が考案されている．

水に，ある可溶性の物質が存在すると，水の一部がその物質を溶解するのに用いられるため水の量は減少する．そのため水蒸気圧が低下する．可溶性物質が多くなればなるほど水蒸気圧は低

[*1] 冷凍品と冷凍食品…食品を直接急速冷凍したものが冷凍品でホウレン草，冷凍魚介類，冷凍食肉などがある．冷凍食品は本文に記載したように，4つの条件を満たす必要がある．近年，食品の冷蔵庫にチルド食品がある．食品の種類によって－5～2℃で保存するが，30～45日間程度，品質を劣化しないで保存することができる．

下する．そこで純水に対して，どの程度の水蒸気圧が低下したかを比率で表したものが水分活性である．すなわち，ある温度における純水の水蒸気圧をP_0とし，ある温度における食品の示す水蒸気圧をPとすると，水分活性はP/P_0で表わされる．Pが食品でなく純水の場合，P_0はPに等しいから$P/P_0=1$となる．一方，完全に無水状態の食品の水蒸気圧は0であるから，水分活性は0となり，すべての食品の水分活性は0～1の間に入ることになる．したがって，食品中の水分活性を測定すると，その食品の保存性の概要を知ることができる．

表4　水溶液の示す水分活性（25℃）

Aw	塩 M（モル）	塩 %	砂糖 M（モル）	砂糖 %
0.995	0.150	0.87	0.272	8.52
0.990	0.300	1.72	0.534	15.5
0.980	0.607	3.43	1.03	26.1
0.960	1.20	6.55	1.92	39.7
0.940	1.77	9.38	2.72	48.2
0.920	2.31	11.9	3.48	54.4
0.900	2.83	14.2	4.11	58.5
0.850	4.03	19.1	5.98	67.2
0.800	5.15	23.1		

表5　微生物の発育とAwとの関係

微生物	発育の最低Aw
普通細菌	0.90
普通酵母	0.88
普通カビ	0.80
好塩細菌	≦0.75
耐乾性カビ	0.65
耐浸透圧性酵母	0.61

表6　食品のAwと変敗との関係

Aw	阻止される微生物	食品
1.00～0.95	グラム陰性桿菌，細菌芽胞，ある種の酵母	40％の砂糖または7％の食塩を含有する食品．例えば肉製品や柔らかなパン
0.95～0.91	多くの球菌，乳酸菌，バチルス属の細菌，ある種のカビ	55％の砂糖または12％の食塩を含有する食品．例えばドライハム，中程度の熟成チーズ．
0.91～0.87	多くの酵母	65％の砂糖含有食品または15％食塩含有食品，例えばサラミソーセージ，長期熟成チーズ．
0.87～0.80	多くのカビ，ブドウ球菌	15～17％の水分を含有する米，小麦粉，豆，フルーツケーキ．
0.80～0.75	多くの好塩細菌	26％食塩含有食品，15～17％水分含有アーモンド菓子，ジャム，マーマレード．
0.75～0.65	耐乾性カビ	10％水分含有ロールドオート（蒸した乾燥燕麦）．
0.65～0.60	耐浸透圧性酵母	15～20％水分含有乾燥果物類，8％水分含有キャンディーとキャラメル．
0.50	微生物は繁殖できない	12％水分含有麺類，10％水分含有香辛料．
0.40	同上	5％水分含有全卵粉．
0.30	同上	3～5％水分含有ビスケット，ラスク，パン．
0.20	同上	2～3％水分含有粉乳，5％水分含有乾燥野菜，コーンフレーク，砂糖．

食品を種々の方法で乾燥して水分を除去，あるいは食塩や砂糖などの可溶性物質を添加すると水分活性が低下するので，食品の保存性は増加することになる．この原理を利用した加工食品が干物，燻製品，塩蔵品，糖蔵品などで多種類の製品が存在する．

　食品および砂糖の水溶液の水分活性を表4に示した．同程度の水分活性を作るには，食塩よりも砂糖の方が多量に必要なことがわかる．また，表5に微生物の発育と水分活性の関係を示した．表から明らかなように細菌＞酵母＞カビの順で発育の最低水分活性が低く，また，発育できる微生物の種類が限られることがわかる．

　好塩菌（Halophile）や耐浸透圧性酵母（Osmophilic yeast）のような特殊な菌を除けば，一般に食品の水分活性を0.80以下にすると，大部分の微生物は繁殖できないため保存性は高まる．また，表6に食品の水分活性と変敗菌との関係を示した．さらに，図1に本書に記載した加工食品並びに市販の各食品の水分活性を示し，表7には水産加工品の水分活性値を示した．これらの図表から各種食品の水分活性値と保存状態が理解できる．

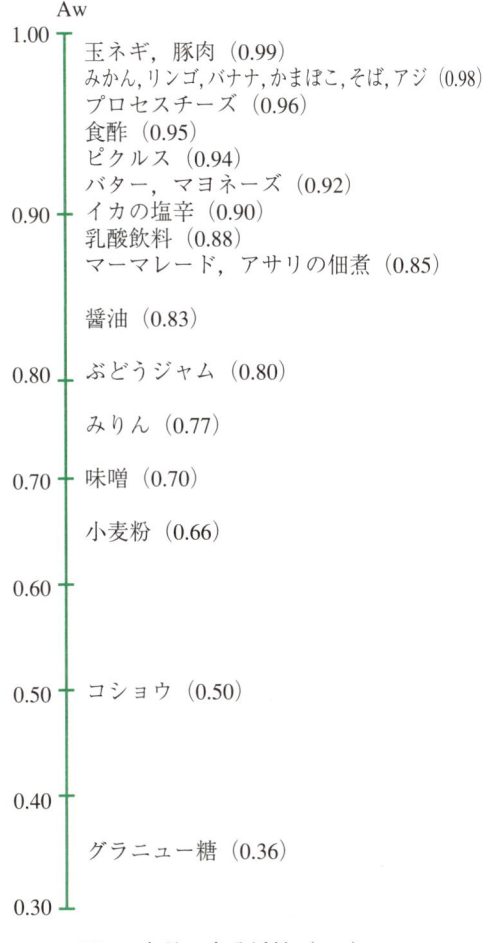

図1　食品の水分活性（Aw）

Aw
- 1.00 玉ネギ，豚肉（0.99）
- みかん，リンゴ，バナナ，かまぼこ，そば，アジ（0.98）
- プロセスチーズ（0.96）
- 食酢（0.95）
- ピクルス（0.94）
- バター，マヨネーズ（0.92）
- 0.90 イカの塩辛（0.90）
- 乳酸飲料（0.88）
- マーマレード，アサリの佃煮（0.85）
- 醤油（0.83）
- 0.80 ぶどうジャム（0.80）
- みりん（0.77）
- 0.70 味噌（0.70）
- 小麦粉（0.66）
- 0.60
- 0.50 コショウ（0.50）
- 0.40
- グラニュー糖（0.36）
- 0.30

注：製品の違いによりAwは多少異なる．

表7　水産加工食品のAw

品　名	Aw	水分(%)	食塩(%)
アジの開き	0.960	68	3.5
塩タラ子	0.915	62	7.9
ウニの塩辛	0.892	57	12.7
塩ザケ	0.886	60	11.3
シラス干し	0.866	59	12.7
イカの塩辛	0.804	64	17.2
イワシの生干し	0.800	55	13.6
塩タラ	0.785	60	15.4
カツオの塩辛	0.712	60	21.1
魚肉ソーセージ	0.97〜0.98	67.2	2.47
魚肉ハム	0.96〜0.98	64.3	2.05
かまぼこ	0.98	75.9	1.85
ツミレ	0.98	74.9	2.29
笹かまぼこ	0.97〜0.98	69.5	2.77
ナルト	0.96	77.2	1.84
ハンペン	0.97〜0.98	76.3	2.21
チクワ	0.99	69.3	1.72
鰹節	0.28〜0.29	7.47	—
メザシ	0.78	36.0	—

注：Aw，水分および食塩含量は製品により多少異なる．

1・7 微生物とpH

微生物の発育は周囲のpHに大きく影響を受ける．一般の微生物は比較的狭い範囲に，最も発育しやすいpH域を持っている．このpH域を至適pH域（Optimum pH）という．このpH域は微生物が発育できる最低pH域（Minimum pH）と最高pH域（Maximum pH）とがある．微生物の発育できるpH域と各種食品のpHとの関係を図2に示した．カビ，酵母，乳酸菌はその種類によってpH 4.0～6.0に至適pHを有し，比較的広い範囲のpH域で発育できる．また，細菌類は中性付近（pH6.0～8.0）に至適pHを有するが，この中で乳酸菌や酢酸菌は酸性域（pH5.5～5.8付近）で最も発育しやすい．

胞子形成細菌はpH3.7以上においてのみ発育でき，また，病原性食中毒細菌はpH4.6以上において発育が可能である．従ってpH4.6以上の加工食品は殺菌や保存には十分な注意が必要である．

食品はそれぞれ特有のpHを有するが，調理や加工の過程で食酢（酢酸）やクエン酸などを添加

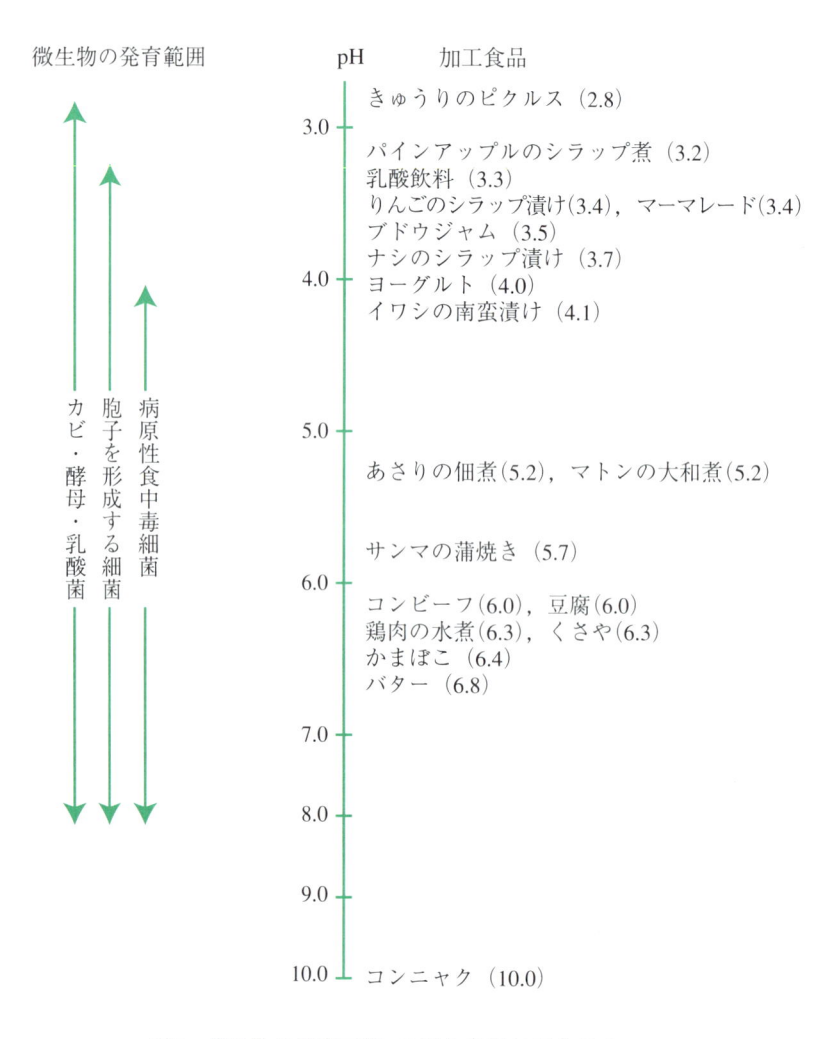

微生物の発育範囲	pH	加工食品
	3.0	きゅうりのピクルス（2.8）
		パインアップルのシラップ煮（3.2）
		乳酸飲料（3.3）
		りんごのシラップ漬け（3.4），マーマレード（3.4）
		ブドウジャム（3.5）
		ナシのシラップ漬け（3.7）
	4.0	ヨーグルト（4.0）
		イワシの南蛮漬け（4.1）
カビ・酵母・乳酸菌／胞子を形成する細菌／病原性食中毒細菌	5.0	
		あさりの佃煮（5.2），マトンの大和煮（5.2）
		サンマの蒲焼き（5.7）
	6.0	コンビーフ（6.0），豆腐（6.0）
		鶏肉の水煮（6.3），くさや（6.3）
		かまぼこ（6.4）
		バター（6.8）
	7.0	
	8.0	
	9.0	
	10.0	コンニャク（10.0）

図2　微生物の発育可能pH域と各種加工食品のpH

するとpHが低下し，保存性が増加する．pHを低下させる時，塩酸や硫酸などのような無機酸よりも，酢酸，乳酸およびクエン酸などのような有機酸の方が微生物の発育阻止効果が大きいため，これらの有機酸は加工食品に広く利用されている．

1・8　加熱殺菌食品

食品を加熱殺菌し，長期間保存できるようにした加工食品として，種々の缶詰，びん詰，レトルトパウチ食品（レトルト食品）などがある．これらの製品はいずれも密封できる容器に食品を入れ，脱気したのち，ただちに密封し，食品に付着している微生物を容器ごと加熱殺菌する方法で作られるのが一般的である．しかし，近年，加工技術の向上に伴い食品を殺菌し，あらかじめ殺菌した容器に無菌室で充填する方法や，微生物をろ過して除去し容器に詰める（ビールなど）方法なども普及している．できた製品はほぼ完全に殺菌あるいは除菌されているため，常温で流通が可能である．

食品衛生法では，容器包装詰加圧加熱殺菌食品の製造基準において「pH5.5を超え，かつ水分活性が0.94を超えるものにあっては，その中心部を120℃，4分間加熱する方法，またはこれと同等以上の効力を有する方法で加熱殺菌すること」と定めている．一般に食品の加熱殺菌は耐熱性を有し，また，食中毒として代表的なボツリヌス菌（*Clostridium botulinum*）が殺菌条件の指標となっている．ボツリヌス菌の耐熱性は表8に示したが，前述のように120℃，4分という条件がレトルト食品の殺菌条件となっている．この条件による変敗発生率は理論上1兆分の1として計算されている．しかし，食品の加熱殺菌は食品の容器，大きさ，熱伝導，pHなどにより異なるため，種々の食品について十分検討しなければならない．なお，加熱殺菌食品は，おおむね次のような工程で製造されている．

原料→洗浄→調製・調理→肉詰め→脱気→密封→殺菌→冷却→製品

この工程のうち，最も重要な操作は脱気，密封および殺菌の各工程である．この点につき簡単に記載する．

表8　ボツリヌス菌芽胞の最大熱抵抗値

リン酸緩衝液（pH7.0）中の死滅温度	100℃	105℃	110℃	115℃	120℃
Clostridium botulinum	330分	100分	32分	10分	4分

1・9　脱　気

脱気は加熱殺菌工程において容器内の空気が膨張し，その内圧によって密封が不完全になるのを防止するのが主目的で，その他，好気性微生物の生育阻止，内容物の酸化防止，香味，色沢防止，ビタミン類の破壊防止などである．また，缶詰では缶内面の腐食防止，膨張缶詰との識別にも役立つ．一方，びん詰では蓋がびんに密着するのを助けるなどの効果もある．

1・10 密封

缶詰では巻締機，びん詰では打栓機，また，袋詰では結束機を主に用いて密封する．缶詰，びん詰，袋詰の密封には種々の方法があり，加工食品の種類に応じて使い分けている．なお，密封は加熱殺菌中の内圧に耐え得るように基準が設けられている．

1・11 殺菌

缶詰，びん詰，袋詰のいずれも密封されたのち蒸気，または温浴中で加熱殺菌される．加熱殺菌で耐熱性の低い病原菌や酵母の殺菌を目的とするものをPasteurizationといい，すべての微生物の滅菌を目的とするものをSterilizationという．100℃以上の加熱は高圧釜（レトルト）を用いねばならない．殺菌温度と時間の関係は内容物，pH，糖濃度，塩濃度などと密接に関係する．よって，加熱殺菌時間は各種食品によって異なる．たとえば，pHが酸性で糖濃度が高いジャムなどは100℃，20分ほどでよいがpHが中性付近の食肉，魚介類などの水煮製品は110〜120℃，60〜90分ほどの加熱が必要となる．

高温で長時間の加熱殺菌は食品中のビタミン類の減少，色沢，香味の劣化などを生じ，熱処理が強いほど劣化が高くなる傾向をもつ．そこで加熱殺菌食品は，その製品の貯蔵・保存期間を考慮して最低限の加熱殺菌温度で処理する方法が商業的には行われている．

1・12 冷却

加熱殺菌した食品は，ただちに流水中で50℃以下になるように急冷しなければならない．急冷はFlat Sourの原因となる好熱性菌の発育阻止および食品成分の劣化防止が主な目的である．びん詰は急冷すると破損する危険があるため室温で放置（空冷）して冷却する．

1・13 缶詰

食品を缶に詰め，脱気，密封後，加熱殺菌し急冷する．缶は鉄鋼薄板にスズをメッキしたブリキ缶，これにエポキシ樹脂やエナメルなどをコーティングした塗装缶およびアルミニウム缶などが使われている．塗装缶はサケ，マス，カニ缶詰など，高価な製品に使われ，製品内容物の青変，黒変などの変質を防止する．ブリキ缶はミカンやパインアップルなどビタミンC含量の高い製品に使用される．また，近年，缶切りの必要でないプルトップ缶が出回っている．なお，缶はその形状により円形缶，楕円缶，角形缶，馬蹄缶などがあり，缶の大きさに基準が設けられている．空き缶の基準は付表1に，また缶容器の種類は付表2に記載した．

1・14 缶詰の脱気と密封および殺菌

食品を詰めた缶に蓋をのせ，主に真空巻締機によって脱気後，密封する．巻締めの機構は図3に示したが，巻締めは真空内で行われ，脱気と密封が同時にできるようになっている．密封後はレトルト中で殺菌され冷却後製品となる．

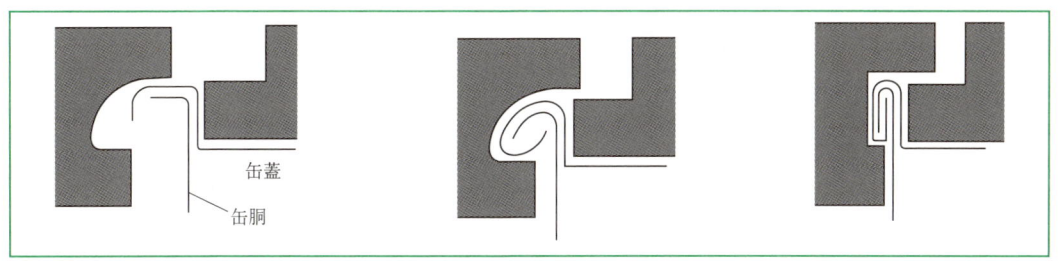

図3 缶の巻き締めの機構

1・15 缶詰・びん詰・袋詰の表示

近年，食品の安全・安心に関心がもたれ，種々の法律改正が行われている．缶詰・びん詰・袋詰には日本農林規格（JAS），内閣府令，健康増進法，景品表示法などの法律に基づいて表示内容が義務付けられている．品名，原材料，賞味期限（年月および年月日），製造者名，栄養表示などである．缶詰の3段表示の例を図4に示したが，最近の缶詰では缶蓋に賞味期限年月（日）のみを記載し，他の項目は別に記載したものが多い．いずれにしろ，消費者にとっては製品の情報源となるので，購入時には表示に注意する必要がある．なお，缶詰に付いている記号については付表3を参照のこと．

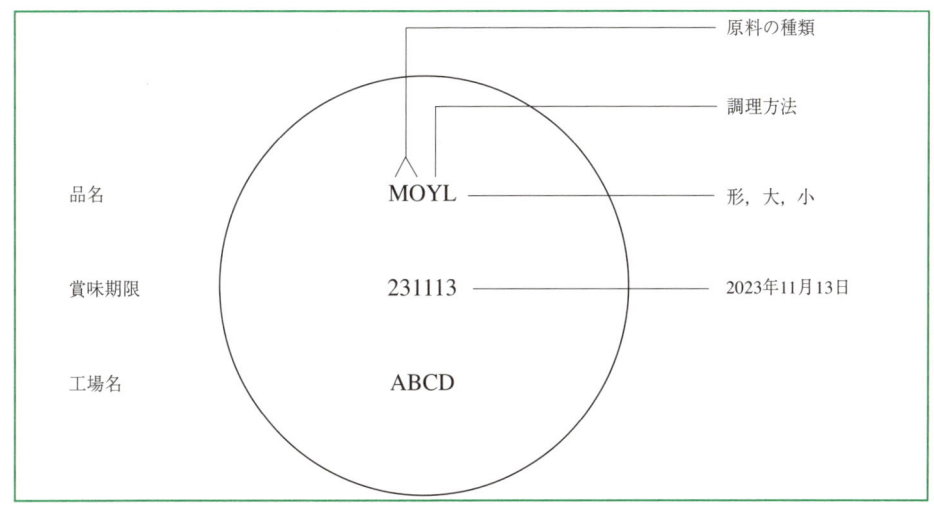

図4 缶詰のマーク

1・16 缶詰の製造方法

缶詰の種類は多く存在するが（付表3参照），ここでは一般的な製造方法について記載する．缶詰の製法には缶詰巻締機が必要で，まず空き缶に内容物を詰め，真空下で蓋を密封する必要がある．その手順を以下に示す．なお，使用する巻締機の写真を図5に示す．

1．電源を入れる．
2．内容物の入った缶に蓋をして，所定の位置に置く．内容物は上部に5〜7mm程度の隙間を

作ること．

3. 巻締機の蓋をして，ボックス内を真空にする．この時，真空計が40〜50kg/cm²になるまで，真空用のレバーを操作する．
4. シーマー（缶の蓋を密封する所）に缶蓋が当たるように，巻締機のレバーを操作する．
5. 巻締機のレバーを向こう側に平行に押す．この時，ゆっくり3つ数えるほどの時間でよい．（最後の3つ目は力を加える）この時に"仮巻締め"ができる．
6. 5. の操作後に，同じレバーを平行に手前に引く．この時，ゆっくり5つ数えるほどの時間でよい（最後の5つ目は力を加える）．この操作で"本巻締め"ができる．
7. 真空用レバーを操作して，ボックス内の真空を解除する．
8. 巻締機の蓋を開けて缶詰を取り出し，所定の温度と時間をかけて加熱殺菌を行ったのち，ただちに冷水中で冷却する．冷却が終われば製品の出来上がりとなる．工場では以上の操作はほとんどコンピューター化された機械類で製造されている．

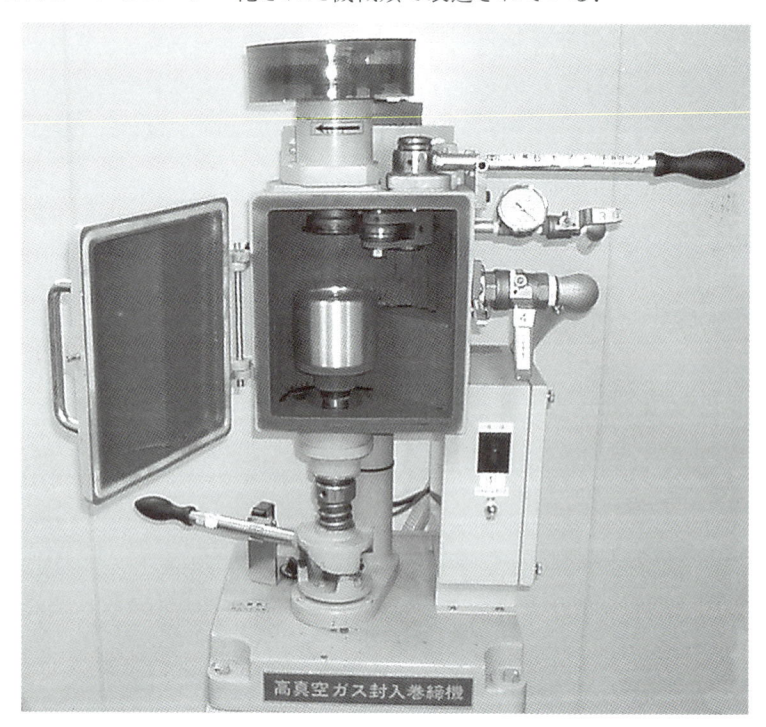

図5　巻締機の一例

1・17　びん詰の製造方法

びん詰にする内容物の肉詰め，殺菌の工程は缶詰と同様である．すべてのびん詰の蓋にはパッキングが付いており，密封できるようになっている．びん詰は缶詰と異なり内容物が見え，さらに使用後のびんを回収して再利用できるという利点がある．しかし，破損しやすく，また，びんが重いため，運送費用が高くつくという欠点もある．缶詰と違い殺菌および急冷が十分にできな

いため，pHの低いもの，糖濃度や塩濃度の高いもの，あるいは日本酒やビールなどの製造に主に利用されている．びん詰製品の作り方を判りやすく図6に示した．この実習書に記載したびん詰は，すべてこの方法で行う．操作は簡単なので家庭でもびん詰が手軽にできる．

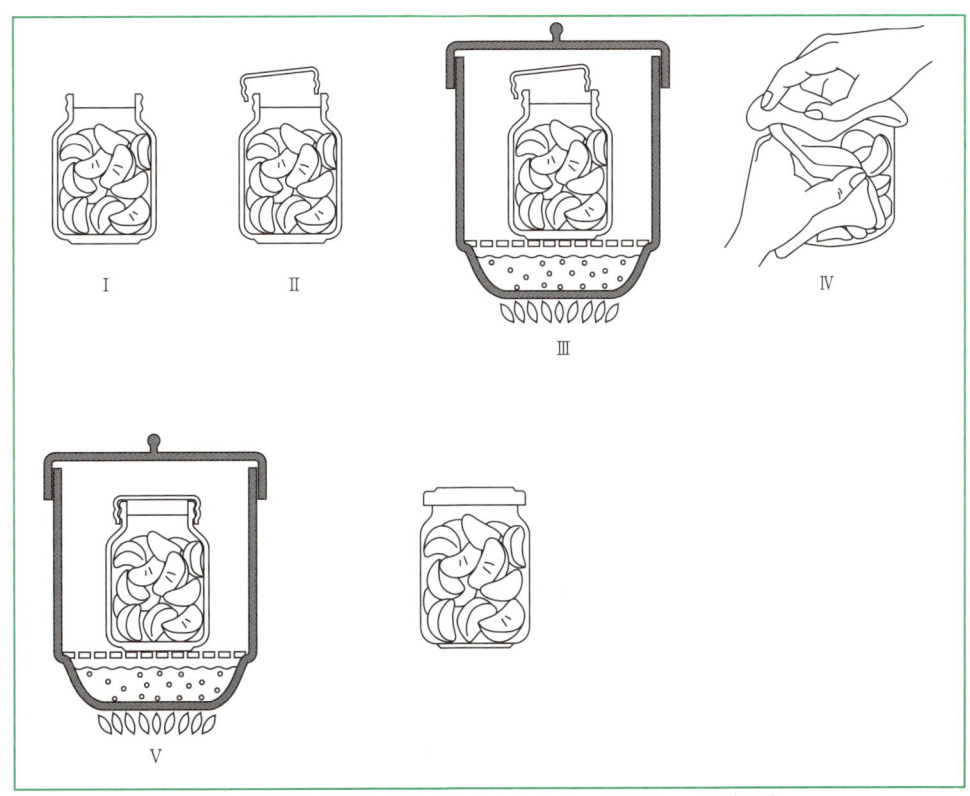

図6　びん詰の製法（例：みかんのシラップ漬け，p19参照）

Ⅰ　あらかじめよく洗浄したびんを熱湯中で15分ほど殺菌する．これに内容物を詰める．びんの肩まで内容物を入れるとよい．なお，工場では新品のびんを利用するため洗浄は行わない場合もある．ビールびんは再利用のため，よく洗浄してから使用する．
Ⅱ　図のように蓋をのせる．
Ⅲ　蒸し器を用いて加熱する．内容物から蒸気が出始めてから，さらに15～20分間加熱を続ける．
Ⅳ　蓋をただちに閉めて密封する．この時，びんが熱いので布巾か軍手を利用するとよい．火傷には十分注意しなければならない．
Ⅴ　再び蒸し器に入れて，所定の温度と時間をかけて加熱殺菌する．
Ⅵ　室温に取り出し，そのまま冷却（放冷）する．びんが破損するため，決して冷水で冷却しないこと．

1・18　びんの種類

びんの種類は多いが，よく利用されているびんは王冠びん，ツイストびん，ねじ蓋びん，密封びんなどがある．実習ではツイストびん，ねじ蓋びん，密封びんが向いている．王冠びんは打栓機が必要となる．図7に主なびんの種類を図示した．

図7 びんの種類

1・19 王冠びんの密封方法

びん詰でも真空にする必要のないジュース類がある．真空を必要としないびん詰製品には図8（写真）で示したような打栓機が必要である．その使用方法は次の通りである．

1. 王冠びんをよく洗浄し，熱湯中で15分ほど加熱殺菌する．殺菌したびんに内容物を注入する．
2. あらかじめ空びんを用いて，打栓機の高さを決めておく．
3. びんに内容物を入れ，王冠をびんの上に置いた後，レバーを真下に押し下げる．王冠が完全に閉まる時，手に独特の感触を受ける．
4. レバーを元に戻して密封したびんを取り出す．これをぬるま湯の入った蒸し器に入れる．この時，蒸し器には布巾を引いて置く．次に所定の温度と時間をかけて加熱殺菌を行う．
5. 殺菌終了後，室温で放冷して製品の出来上がりとなる．

図8 打栓機の一例

1・20 袋詰の製造方法

袋詰め製品はハム・ソーセージ類，カレー，シチュー類，牛乳など色々な加工食品に利用されている．袋の素材は軽く形状も様々にできるため，その利用価値は年々増加している．

袋詰の製造原理は缶詰，びん詰と同様であるが，レトルト食品のように，内容物を袋に詰めた

のち，機械で脱気，密封し殺菌したものが多い．

　この実習書ではポリエチレン製の袋を用い，綿糸で縛る手作りの方法を記載する．びん詰と同様に図9にその製法を示し，その作業順に記載しておく．なお，市販の製品ではハム・ソーセージ類は口金で止め，また，他の製品は機械で袋を加熱溶解して密着させている．

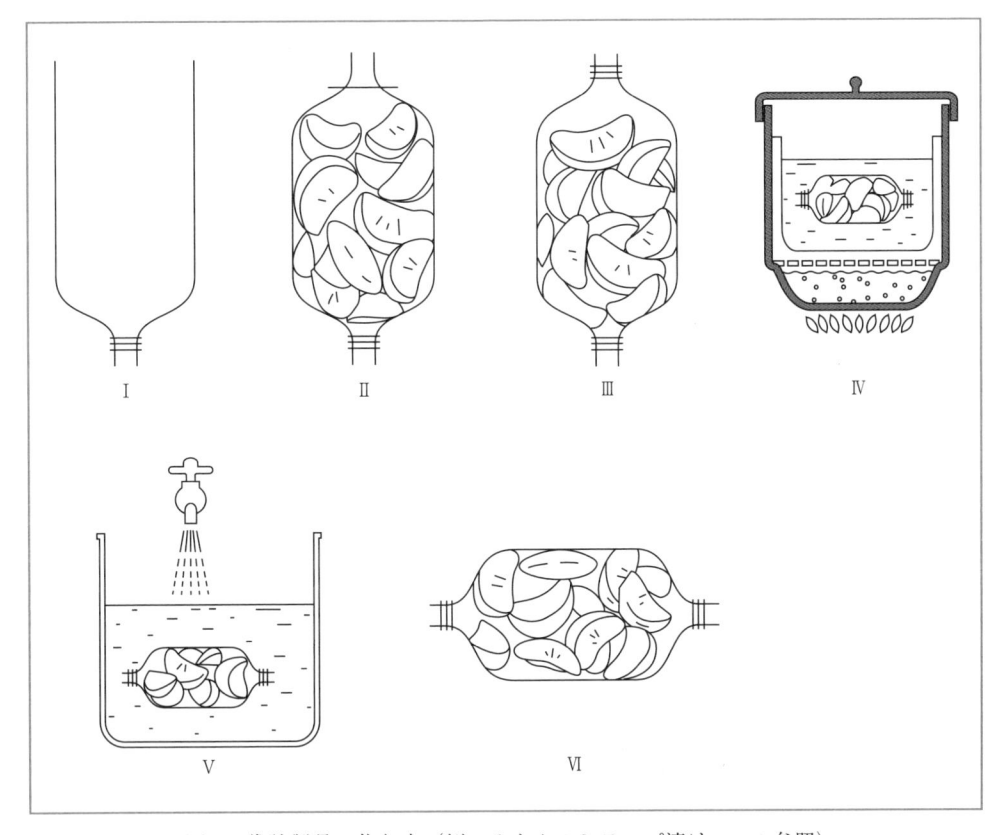

図9　袋詰製品の作り方（例：みかんのシラップ漬け，p19参照）

Ⅰ　円筒形のポリエチレンの袋をよく洗浄し，一方の端を綿糸で4〜5回きつく巻きつけたのち縛る．図に示したように念を入れて5mm間隔で3カ所をきつく縛る．液汁が漏れないようにすることが大切である．

Ⅱ　内容物を袋に入れ，袋の中の空気が残らないように，袋を絞り込んでいき，ただちに綿糸で1回きつく縛る．縛った後の残りの袋部分に液汁が付いているため，水でよく洗う．

Ⅲ　図に示したように，再び5mm間隔で2カ所きつく縛る．

Ⅳ　出来た袋詰を布巾で包み，湯浴中で所定の温度と時間をかけて加熱殺菌する．なお，ポリエチレンの素材は耐熱性の高いものを使用するとよい．

Ⅴ　殺菌が終了したら流水中で急冷する．流水の量は少なくてよい．

Ⅵ　製品が冷えたら出来上がり．保存は品質を保持するため冷暗所が望ましい．

1・21　真空包装機器の使用方法

近年，簡便な真空包装機械が出回っている．ここでは真空包装食品を作って，その原理と使用方法を理解する．包装容器に内容物を詰め，真空下で一定幅を電熱板で加熱し溶解して密着する．市販品では簡易包装したハム・ベーコン類，漬物類など，その種類は多い．簡単な真空包装機械を図10に示したが，工場で使用する機械類は規模が大きいだけで，その原理はまったく同じである．使用方法は以下の通りである．

1. 電源を入れる．
2. 包装素材（フィルム）に適合する温度になるように，電熱板の温度設定をダイヤルで調節する．温度設定を間違うとフィルムが密着しなかったり，逆にフィルムが解けたりするので，注意して温度を設定すること．
3. フィルムに内容物を入れ，機械の蓋を開け，所定の位置にセットする．
4. 蓋をすると自動的にスイッチが入り，フィルムが密着して密封される．
5. 所定の温度と時間をかけて加熱殺菌する．
6. 冷水中で冷却して製品の出来上がりとなる．

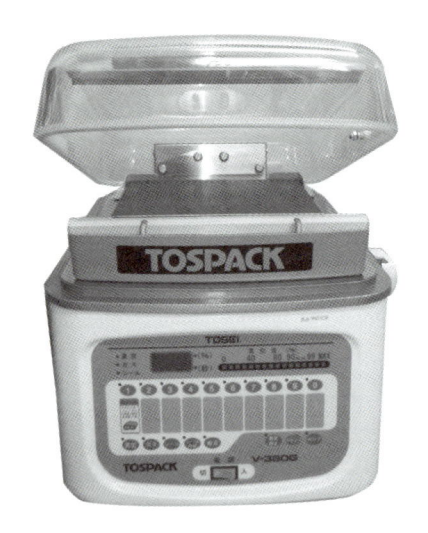

図10　真空包装機械の一例

なお，真空包装機械は加熱殺菌用に用いるほか，単に食品の包装としても使用する．この場合，真空にしない場合が多い．

1・22　包装素材の種類

包装素材には紙容器，木製容器，布製容器，プラスチック容器，セロファン，アルミ箔，プラスチックフィルム類，塩化ビニル類など，多種多様のものが外装用，内装用に作られている．これらの包装素材の中には燃焼すると，ダイオキシンを発生し環境汚染を惹起するため，その使用にあたっては注意が必要である．

前述のように食品の包装には外装用と内装用があるが，外装用は商品価値を高め，また，印刷も可能であるため加工食品の情報を記載でき，消費者に伝達することができる．一方，内装用は直接食品に接触するため，衛生的でしかも安全性の高いものでなければならない．

ポリエチレンのように主に食品の内装用に用いられている包装素材の性状については付表4に示した．耐熱性の高い包装素材であるポリエチレンなどを張り合わせたものがレトルト食品に利用されている．また，これにアルミ箔を張り合わせたものがLL牛乳（ロングライフ牛乳）の容器に利用されている．なお，容器包装素材は容器包装リサイクル法の対象になっており，ガラスびん，缶類，紙パック類，PETボトル（Poly Ethylene Terephthalate）プラスチック，スチール類，アルミ箔，ダンボールなどが回収の対象になっている．

2章 食品加工実習

FRUITS ■

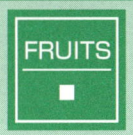

シラップ漬け

　果実の保存食として代表的なものに，シラップ漬けがある．濃度の高いシラップに果実を漬けて保存性と嗜好性を高めた加工食品である．砂糖濃度を高めることにより水分活性を低下させ，また，ｐＨを低くして保存性を高めるのが一般的である．この時，嗜好性も向上する．製造工程に加熱操作が入るため，さらに保存性が高まる．

　シラップ漬け製品には缶詰，びん詰および袋詰めの製品がある．ここではみかん，もも，パインアップル，梨，りんご，イチジクのシラップ漬けについて記載する．

みかんのシラップ漬け

　シラップ漬け用に使用されるみかんの品種は，温州みかんがよい．温州みかんには普通種と早生種とがあり，いずれを使用してもよいが，早生種は果肉にしまりがなく，砂のうがくずれやすい欠点がある．じょうのう膜の除去方法には酸処理法，アルカリ処理法，両者併用法の３種がある．ここでは両者併用法によるじょうのう膜の除去方法について記載する．原料のみかんは新鮮でよく成熟しており，損傷，腐敗してなく，また粒のそろったものがよい．

材　料
みかん　2kg
砂糖　500g
クエン酸　3g
水酸化ナトリウム　5g
塩酸　25ml

工　程
原料→剝皮→酸処理→水洗い→アルカリ処理→水洗い→袋詰め・びん詰め・缶詰→シラップの注入→脱気→殺菌→冷却→製品

作り方（所要時間：約5時間）

【1】　みかんの皮を剝き，じょうのう１個ずつに分割する．

【2】　あらかじめ作っておいた１％塩酸溶液１l（水１lを用意し，その中に38％塩酸約25mlを入れる）に分割したみかんを入れ，30～40分間浸漬し，時々攪拌する．じょうのう膜がやわらかくなる．

【3】　みかんを取り出し，水の中に入れ流水中で塩酸を除去する．

【4】　0.5％水酸化ナトリウム溶液１lを40℃に加温し，この中に，【3】で処理したみかんを入れたのち，直ぐ火を止める．10～20分間放置し，時々攪拌する．この操作でじょうのう膜が除去できる．

【5】　みかんを取り出し，流水中で60～120分間水晒しを行い，水酸化ナトリウムを完全に除去したのち，水切りする．この間に，付着しているすじ，除去できなかったじょうのう膜を取り除く．

【6】　40％砂糖溶液（重量％）を水切りしたみかん重量の60％を用意する．なお，砂糖溶液に対して0.2％のクエン酸を添加し，砂糖が溶けるまで加熱する．

【7】　塩化ビニリデンの袋，または適当な耐熱性びんに肉詰めする．

【8】 塩化ビニリデンの袋に肉詰めしたものは，袋の中に空気が残らないように結束したのち，80～90℃，40分間湯浴中で加熱殺菌する（袋詰製品の作り方：p15参照）．

【9】 びん詰にしたものは，90℃で約10分間脱気したのち，ただちに密封して90℃，40分間加熱殺菌する（びん詰の製法：p13参照）．

【10】【8】【9】で加熱殺菌したものは，塩化ビニリデンを使用した場合は，ただちに流水中で冷却する．びん詰にした場合は，室温で放置して冷却する．

【11】 缶詰にする場合は缶にみかんを詰め，シラップを注入しシーマーで密封後90℃，30分間加熱する．加熱後流水中で冷却する．

コツ・ポイント ①アルカリ溶液（0.5％水酸化ナトリウム）を40℃に加温し酸処理したみかんを所定の時間浸漬すると，じょうのう膜がきれいに除去できる．長時間浸漬しないこと．

＜備　考＞

1. 工場などで大量にみかんを処理する場合は，みかんを熱湯中に30～60秒間浸漬し，外皮を除去する．その後，いったん風乾したのち，じょうのうを1個ずつに分割する．
2. みかん缶詰を製造する場合，じょうのう膜を除去したみかんを所定の缶に入れ，シラップを注入し，脱気後殺菌する．なお，市販のみかん缶詰は，缶の大きさによりみかんの内容量（固形物量）および総量がJAS規格で決められている．
3. 使用する薬品などは，食品添加物用に指定されたものを使用すること．またこれら溶液を用いる場合，瀬戸引きのものを使用すること．普通の容器では酸，アルカリ溶液により腐食する．また，使用後の酸，アルカリ溶液は冷却後，充分水で希釈して捨てるようにする．
4. 家庭では塩酸，水酸化ナトリウムは入手困難なため，じょうのう膜の除去はクエン酸と重曹を用いて行うとよい．クエン酸，重曹は薬局で入手できる．その方法を次に記載した．

①4％クエン酸溶液1 l を作り，約50℃に加熱する．この溶液に，分割したみかんを入れ約1時間浸漬する．次にみかんを水に移して数回換水し，クエン酸を除去したのち，水切りする．

②4％重曹液1 l を作り70～80℃に加熱する．これに①で処理したみかんを入れると液が黄色になり，じょうのう膜が分離してくる．次に水に移してじょうのう膜を手で分離する．これを流水中で充分水洗いする．

5. JAS規格によるとシラップ漬け製品は次のように分類されている．

充填液の種類	可溶性固形分（糖度）
1. エキストラライトシラップ	10％以上～14％未満
2. ライトシラップ	14％以上～18％未満
3. ヘビーシラップ	18％以上～22％未満
4. エキストラヘビーシラップ	22％以上

6. 缶詰工場では，あらかじめシラップを大量に作っておくが，実習では使用する容器（缶，びんおよび袋）の容量に差があるので，そのつど，シラップ濃度と液量を求めるとよい．

測定項目
1. 原材料の重量とそのpH
2. 諸材料の重量
3. シラップの所要量
4. シラップのpHとその屈折率
5. 出来上がりの重量
6. 水分活性

もものシラップ漬け

　ももの品種，種類は多く，大別して白肉種と黄肉種がある．白肉種には大久保，白桃，岡山早生，伝十郎などがあり，黄肉種には，缶桃2，3，5，12，14，15号，映光などがある．黄肉種は白肉種にくらべて，ペクチンの含有量が高いため，シラップがねばつくようになる．

　原料のももは種核が小さく左右対称のもので，成熟した良果を用いる．未熟なものは，2～3日追熟して使用する．

材　料
もも　5個
砂糖　約400g
クエン酸　約2g

工　程
原料→折半→除核→剥皮→シラップ煮熟→肉詰め→脱気→殺菌→冷却→製品

作り方（所要時間：2～3時間）

【1】　原料ももを水洗いしたのち，押切り（カッター）を用いて，ももの縫合線にそって正しく種ごと半分に切断する．カッターのない時は，2本の包丁を用いて切断する．1本の包丁で，ももの縫合線にそって刃を入れ，包丁の背を真下にし，もう1本の包丁を反対側の縫合線から刃を入れて核まで切る．次に木づちで包丁の背を一気にたたくと，身も核も2つに切断できる．

【2】　除核器で果肉をいためないように，種核を除く．除核器のない場合はスプーンを用いるとよい．いずれにしろ，核の周囲のくぼみの繊維をきれいに除去したのち，ただちに3％食塩水に浸す．

【3】　全てのももの除核が終ったら，熱湯中に5～7分間浸漬し，次に水につけて冷却して剥皮する．剥皮したももは水切りしておく．

【4】　40％の砂糖溶液（重量％）を処理後の果肉と同量用意し，砂糖が溶けるまで加熱する．この時，シラップ重量の0.2％のクエン酸を加える．

【5】　シラップを加熱し，ももの果肉を加えて5分間軽く煮続け，約60℃まで冷却する．

【6】　あらかじめ殺菌したびん，缶または塩化ビニリデンなどの袋に肉詰めする．シラップも均等に入れる．

【7】　びん詰にした時は，90～100℃，約10分間脱気後密封し，引き続き40分間殺菌する．また缶詰や袋詰にした時は90℃，40分間加熱殺菌する．

【8】　びん詰にした時は，殺菌後室温で冷却する．缶詰や袋詰にした時は，冷水中で急冷する．

コツ・ポイント　①ももは果肉にポリフェノールを含むため，酸化酵素（ポリフェノール・オキシターゼ）により褐変するので，分割，剥皮はすばやく行うこと．なお熱湯で湯煮することにより褐変は防止できる．

<備　考>

1. 白肉種で果肉の赤いところが，缶詰にした場合，その部分が紫黒色になる場合がある．アントシアン系色素のクリサンテミンと缶容器から溶出する錫，鉄などが反応してキレート化合物を作るためである．予防にはエリソルビン酸またはポリリン酸をシラップ重量の0.2％程度添加するとアントシアン系色素の還元脱色がおこり変色防止ができる．
2. ももの代わりにびわを用いるとびわのシラップ漬けができる．

測定項目

1. 原材料の重量とそのpH
2. 諸材料の重量
3. シラップの所要量
4. シラップのpHとその屈折率
5. 出来上がりの重量
6. 水分活性

パインアップルのシラップ漬け

パインアップルは甘味が少なく酸味の強い芳香性のある果実で特に缶詰に適した果実である．缶詰用の品種には，スムースカイエン種がよい．

材　料
パインアップル　1個
砂糖　約450g
クエン酸　約3g

工　程
原料→外皮除去→切断→除芯→シラップ煮熟→缶詰（びん詰）→脱気→殺菌→冷却→製品

作り方（所要時間：約2～3時間）

【1】 原料パインアップルを充分水洗いする．上下を切断し，パインアップルをたてて外皮を薄く剥く．次に小さなナイフの先で，果肉に埋ったくぼみを1つずつ取り除き，さっと水洗いし，水切りする．

【2】 約1cmの厚さで輪切りにする．中の芯を除芯器でとる．包丁で除芯してもよい．この実習では4つ割りとする．

【3】 30％（重量％）シラップ液（砂糖を加熱して溶かし，0.2％クエン酸を添加したもの）をパインアップル処理後の重量と同量用意する．これを沸騰させ，4つ割りにしたパインアップルを入れ，5分間煮る．あらかじめ殺菌しておいたびん，または塩化ビニリデンの袋に肉詰めしたのち，シラップを注入し，びん詰の場合には90～100℃，15分間脱気後，密封し引き続き30分加熱する．缶詰や袋詰にした場合は90℃，40分加熱殺菌し，流水中で冷却する．

【4】 びん詰の場合は殺菌後室温で冷却する．

コツ・ポイント ①原料パインアップルは操作中に微生物に汚染されないように，すばやく操作するように心がける．

＜備　考＞

1. 缶詰の場合は，パインアップルを缶に詰めたのち，真空処理機を通し，果肉中のガスを除去する．次にシラップを注入し，脱気後加熱殺菌を行う．ここではガスを抜く操作をシラップで煮ることで置き換える．

測定項目
1. 原材料の重量とそのpH
2. 諸材料の重量
3. シラップの所要量
4. シラップのpHとその屈折率
5. 出来上がりの重量
6. 水分活性

梨のシラップ漬け

梨の種類と品種は多く，洋梨と和梨に大別できる．シラップ漬けには芳香性のある洋梨が適しているが，和梨を使用してもよい．

梨はよく熟し，表面に傷のない良果を用いる．未熟な洋梨は，追熟して用いる．

材料
梨　5個
砂糖　約400g
クエン酸　約2g

工程
原料→剥皮・除芯→シラップ煮熟→びん詰→脱気→殺菌→冷却→製品

作り方（所要時間：約2～3時間）

【1】原料梨を水洗いしたのち，2つまたは4つに分割し，皮を剥き芯を除いて2％食塩水につけ褐変を防いでおく．

【2】35％シラップ液（重量％）を処理後の梨と同量用意し，加熱して砂糖を溶かす．この時シラップ重量の0.2％のクエン酸を加える．

【3】シラップを加熱し，梨の果肉を加えて10分間軽く煮続けたのち約60℃まで冷却する．

【4】あらかじめ殺菌したびんまたは塩化ビニリデンなどの袋に肉詰めする．シラップも均等に入れる．

【5】びん詰にした時は90～100℃，10分間脱気後密封し，引き続き40分間殺菌する．缶詰や袋詰にした時は90℃，40分間加熱殺菌する．

【6】びん詰にした時は，殺菌後室温で冷却する．缶詰や袋詰にした時は，冷水中で急冷する．

【7】缶詰にする時は，缶に梨を詰めシラップ液を注入して密封後，上記温度で加熱殺菌する．

コツ・ポイント
①製造後，すぐ食する場合は冷して食するとよい．
②びん詰にする場合は熱いうちに肉詰めして殺菌する方がよい．

＜備　考＞

1. 洋梨はバートレット，プレコース，フレミッシュ・ビューティーなどがあり，芳香性に富み加工用に適している．和梨は20世紀，幸水，菊水，長十郎などがあり，独特の歯ざわりを有し生食に適している．

測定項目
1. 原材料の重量とそのpH
2. 諸材料の重量
3. シラップの所要量
4. シラップのpHとその屈折率
5. 出来上がりの重量
6. 水分活性

りんごのシラップ漬け

りんごの種類と品種は多く，シラップ漬け用にはすべてのものが適している．味は品種により独特のものとなる．

りんごはよく熟した良果を用いる．

材 料

りんご　7個
砂糖　約500g
クエン酸　約2.5g

工 程

原料→剥皮・除芯→シラップ煮熟→びん詰→脱気→密封→殺菌→冷却→製品

作り方（所要時間：約2〜3時間）

【1】　りんごを4つに分割し皮をむき芯を除いて2％食塩水につける．

【2】　40％シラップ液（重量％）を処理後の重量と同量用意し，加熱して砂糖を溶かす．この時シラップ重量の0.2％のクエン酸を加える．

【3】　シラップを加熱し，りんご果肉を加えて10分間軽く煮続けたのち，約60℃まで冷却する．

【4】　あらかじめ殺菌したびんまたは塩化ビニリデンなどの袋に肉詰めする．シラップも均等に入れる．

【5】　びん詰にした時は90〜100℃，10分間脱気後密封し，引き続き40分間殺菌する．塩化ビニリデンなどの袋詰にした時は，90℃，40分間加熱殺菌する．

【6】　びん詰にした時は，殺菌後室温で冷却する．袋詰にした時は，冷水中で急冷する．

測定項目

1. 原材料の重量とそのpH
2. 諸材料の重量
3. シラップの所要量
4. シラップのpHとその屈折率
5. 出来上がりの重量
6. 水分活性

イチジクのシラップ漬け

国内で販売されている無花果の約8割は桝井ドーフィンと呼ぶ品種である．このほか蓬莱柿，スミルナ，ビオレ・ソリエスなどの品種がある．桝井ドーフィンは，ほどよい甘みとさっぱりとした風味があり，生食の他シラップ漬けにも使用できる．

材 料
無花果　　10個
砂糖　　　50～70g
ラム酒　　約50ml
レモン　　約1/2個
水　　　　100ml

工 程
原料→剥皮→煮熟→びん詰→脱気→密封→殺菌→冷却→製品

作り方（所要時間：約2時間）

【1】　無花果のへたを残して皮を剥く．（剥きにくい場合は，湯剥きをする．）

【2】　レモンは薄切り（約2mm）に切る．

【3】　材料を全て鍋に入れ，へたを上にして煮立たせた後，約60℃まで冷却する．

【4】　あらかじめ殺菌したびんに肉詰めする．煮つめに使用したシラップも入れる．

【5】　90～100℃，10分間脱気後密封し，引き続き20分間殺菌する．

【6】　殺菌後，室温で冷却する．

コツ・ポイント
①コンポートを作る時は少し固めの果物を選ぶとよい．
②無花果は変色しやすいため，皮を剥いたら早めに煮る．（レモン汁をかけてもよい）
③皮はつけたままでもよいが，剥いて作ると口当たりのよいものになる．
④ラム酒の代わりに赤ワインでもよい．

測定項目
1．原材料の重量とそのpH
2．諸材料の重量
3．シラップの所要量
4．シラップのpHとその屈折率
5．出来上がり重量
6．水分活性

FRUITS
■

ジャム

　シラップ漬けとほぼ同様の製品であるが，シラップ液を用いず，濃縮して半固形状にした製品である．砂糖を添加して水分活性を低下させ，また，pHを低くして保存性を高める原理はシラップ漬けと同じである．ジャムには原材料の形状をとどめないジャムと，ある程度形状をとどめるプレザーブタイプがある．ジャム製品には缶詰，びん詰めおよび袋詰めの製品がある．ここではイチゴ，りんご，プルーン，ブルーベリー，夏みかん（マーマレード），ブドウ，キウイのジャムについて記載する．

イチゴジャム

　わが国ではプレザーブタイプのイチゴジャムが好まれている．イチゴの品種は数多く，どの品種のものを使用してもよい．ダーナー種は鮮紅色で芳香もあるのでよく用いられる．

材料
イチゴ　1kg
砂糖　約500g
（へた除去後の45％）
ペクチン　約7g
レモン　約1/2個
クエン酸　約3g
（へた除去後の0.3％）

工　程
原料→水洗い→砂糖添加→放置→煮熟→砂糖添加→煮熟→びん詰→脱気→密封→殺菌→冷却→製品

作り方（所要時間：約2時間）

【1】　イチゴを水洗いし，へたを取る．
【2】　水切りしたイチゴをソトワールにとり，砂糖の半量をふり入れ，60分間以上放置する．
【3】　イチゴから水分が出てきたら，中火で加熱する．
【4】　沸騰してきたら，イチゴが膨らむので火を弱め，イチゴの中の空気を追い出す．
【5】　残りの砂糖と水切りしたイチゴ重量の0.7％のペクチンを混合しておく．イチゴが赤く軟らかくなったらこれを3回に分けて加える．この時，砂糖は完全に溶けてから次の砂糖を加え煮つめること．
【6】　レモン汁とクエン酸を加え再び中火で沸騰させ，「あく」を取る．
【7】　とろみがついたら火からおろす．
【8】　あらかじめ殺菌したびんに出来上がったイチゴジャムを熱いうちに詰め，軽く蓋をして90〜100℃，10分間脱気後密封し，引き続き10分間加熱殺菌する．
【9】　殺菌後，室温で冷却する．

コツ・ポイント　①クエン酸とレモン汁は，濃縮終了と同時に加える．濃縮時間を長くするとイチゴのアントシアン系色素が分解して鮮明な色とならない．

＜備　　考＞
1．砂糖の目安量は果実の40～45％とする．（へたを取った状態）
2．仕上がりの見分け方
　　コップ法…　コップに水を満たし濃縮汁を滴下する．濃縮不十分の時には滴下液はすぐに溶解するが，十分濃縮された汁はコップの底に溶解せずに残る．これをもって濃縮の仕上げ点とする．
　　温度計法…　濃縮汁が103～104℃になった時を仕上げ点とする．
　　糖度計法…　糖度計が45～50％になった時を仕上げ点とする．
　　注：ジャムの仕上がりは一般的に上記方法を利用する．

測定項目
1．原材料の重量とそのpH
2．諸材料の重量
3．出来上がり重量とそのpH
4．屈折率
5．水分活性

りんごジャム（プレザーブタイプ）

りんごの形をのこしたジャムで，皮の色がとけて桃紅色のきれいな色がつく．りんごは紅玉のような赤い皮のものが適している．

材　料
りんご　5個
砂糖　約600g
クエン酸　約2g

工　程
原料→分割・除芯→細切→煮熟→砂糖添加→煮熟→びん詰→脱気→殺菌→冷却→製品

作り方（所要時間：約2～3時間）

【1】 りんごを水洗いしたのち，6～8つに分割する．芯を取り除き2％食塩水につけておく．

【2】 皮をつけたまま，小口から4～5mm幅に切る．全てのりんごが切り終るまで2％食塩水につけておく．

【3】 水切りして果肉の重量をはかり，ソトワールに入れ果肉重量の1.5倍の水を加えて，強火で煮る．果肉と加えた水の合計重量が40％になるまで水分を蒸発させる．果肉の形がくずれないように時々攪拌する．この間こげつかせないようにする．

【4】 あらかじめ細切したりんご重量の70％の砂糖を用意し，この砂糖を3等分にして3回に分けて加える．この時，添加した砂糖が溶けたら，次の砂糖を加えるようにするとよい．果肉重量の0.2％のクエン酸も添加する．

【5】 細切したりんごの重量と砂糖重量の合計量の90％になるまで水分を蒸発させる．

【6】 あらかじめ殺菌したびんに，出来たりんごジャムを熱いうちに詰め，軽く蓋をして90～100℃，10分間脱気後密封し，引き続き20分間加熱殺菌する．

【7】 殺菌後室温で冷却する．

コツ・ポイント ①2％食塩水につけることにより，褐変を防止できる．

測定項目
1．原材料の重量とそのpH
2．諸材料の重量
3．出来上がりの重量とそのpH
4．屈折率
5．水分活性

プルーンジャム

西洋スモモは「サンプルーン」,「シュガープルーン」,「スタンレイ」などが有名な品種である．いずれも糖度が高く食べやすいのが特徴で，生食や乾果で食されている．形や色は微妙に異なるが，円形または楕円形で果皮はおおむね紫や濃い紫色をして，果肉は淡い黄色や黄緑色をしている．

材 料
プルーン　500g
砂糖　約250g
レモン汁　約15ml

工 程
原料→分割→剥皮・除種→砂糖添加→放置→煮熟→砂糖添加→煮熟→びん詰→脱気→密封→殺菌→冷却→製品

作り方（所要時間：約2時間）

【1】 プルーンは水洗いし，2等分して種を取り除く．
【2】 プルーンに半量の砂糖をふり入れ，水分が出て砂糖が溶けるまで60分間程度放置する．
【3】 プルーンを火にかけ，果肉がくずれたら，残りの砂糖を加える．
【4】 ひと煮立ちさせ，「あく」を取り，レモン汁を加えさらに煮つめる．
【5】 あらかじめ殺菌したびんに出来上がったプルーンジャムを熱いうちに詰める．軽く蓋をして90〜100℃，10分間脱気後密封し，引き続き20分間加熱殺菌する．
【6】 殺菌後，室温で冷却する．

コツ・ポイント ①完熟していない硬めのプルーンは種が取りやすく，ジャムにも適している．

＜備　考＞
1．砂糖の添加量は果実の50％とする．好みにより添加量を変えてよい．
2．煮込む時間により固さを調節するとよい．ただし，煮つめ過ぎは甘さが増し，果物の香りも消えてしまう．

測定項目
1．原材料の重量とそのpH
2．諸材料の重量
3．出来上がり重量とそのpH
4．屈折率
5．水分活性

ブルーベリージャム

ブルーベリーは「ハイブッシュ」,「ラビットアイ」,「ローブッシュ」の3種類に大別できる.ジャムには皮が柔らかい「ハイブッシュ」系のものが適している.

材 料
ブルーベリー　300g
砂糖　約150g
レモン果汁　約50ml
ブランデー　約5ml

工 程
原料→煮熟→砂糖添加→放置→砂糖添加→煮熟→びん詰→脱気→密封→殺菌→冷却→製品

作り方（所要時間：約1時間）

【1】ブルーベリーに半量の砂糖をふり入れ,水分が出て砂糖が溶けるまで60分間程度放置する.

【2】ブルーベリーを火にかけ,沸騰してきたら残りの砂糖,レモン汁,ブランデーを入れて煮つめる.

【3】「あく」を取り除き,煮つめる.

【4】あらかじめ殺菌したびんに出来上がったブルーベリージャムを熱いうちに詰める.

【5】軽く蓋をして90～100℃,10分間脱気後密封し,引き続き20分間加熱殺菌する.

【6】殺菌後,室温で冷却する.

コツ・ポイント
①冷凍したブルーベリーを使用する場合は解凍せずに火にかける.
②酸味の弱いブルーベリーは煮つめても固まりが弱いため,レモンを1/4～1/2個加え,固さを調整するとよい.

＜備 考＞
1. 砂糖の添加量は果実の50％とする.好みにより添加量を変えてよい.
2. 煮込む時間により固さを調節するとよい.ただし,煮つめ過ぎは甘さが増し,果物の香りも消えてしまう.

測定項目
1. 原材料の重量とそのpH
2. 諸材料の重量
3. 出来上がり重量とそのpH
4. 屈折率
5. 水分活性

マーマレード

マーマレードはかんきつ類の果皮を細切し，煮沸して苦味成分を除き，一方，果肉は煮熟してゼリー状にしたのち，両者を混合し，砂糖と一緒に加熱濃縮して製造したものである．一般にマーマレードといえば夏みかんを原料にしたものが多い．夏みかんは外皮のきれいな成熟したものがよい．

材料
夏みかんまたは
　グレープフルーツ　3個
砂糖　約560g
クエン酸　約1.6g
ペクチン　約1.6g

工程
原料┤(4分割→剥皮→切断→湯煮→水切り)＋(果肉分離(じょうのう)→加熱→煮つめ)├→調合→砂糖添加→加熱→びん詰(袋詰)→脱気→殺菌→冷却→製品

作り方（所要時間：約3〜4時間）

【1】　夏みかんは熱湯に2〜3分浸けた後，ぬるま湯でよく洗い，農薬などを落とす．

【2】　夏みかんを縦に4分割し，皮を剥ぐ．

【3】　皮は下の図に示すように四隅を切り，小口から2〜3mm幅に切る．

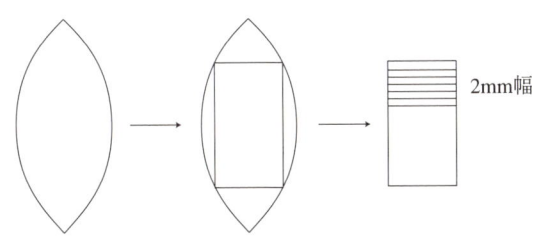

【4】　細切したみかんの皮をたっぷりの水で煮る．沸騰したのち50〜60分間湯煮し続けるとちょうどよい柔らかさになる．

【5】　煮上ったら，みかんの皮を水の中に入れ約30分間つけておく．この間，時々水を取り替える．みかんの苦味が除去できる．

【6】　みかんの皮を，できるだけ重ならないようにして，ザルにとり水切りしておく．乾いた布巾で軽くおさえて水切りしてもよい．

【7】　果肉は1つずつ，じょうのう膜と実を分離し，実はソトワールに入れる．全部のじょうのう膜を細かくきざんで実に加える．

【8】　実とじょうのう膜の1.5倍の水を加えて煮る．果肉と水の合計重量が30％になるまで煮つめる．液汁は，ほとんどなくなる．煮つまったら火を止める．

＜例＞実とじょうのう膜の重量＋水の重量＋鍋の重量＝合計

$$500 (g) + 750 (g) + 300 (g) = 1,550 (g)$$

この重量の30％まで煮つめる．

$$1,250 (g) \times \frac{30}{100} = 375 (g)$$

$$375 (g) + 300 (g) = 675 (g)$$

＊前の例では，火にかける前の重量は鍋ごとで1,550gであり，これを煮つめて675gまで蒸発させるとよい．

【9】 砂糖は処理前の夏みかん重量の70％，同じくクエン酸は0.2％を用意する．なお，グレープフルーツを原料とした場合，その重量の0.2％のペクチンを用意する．

【10】【8】で煮つまった果肉に，【6】で水切りしておいたみかんの皮を加えて再び火にかける．次に砂糖とクエン酸を加えるが，砂糖は3等分しておき3回に分けて加える．なお，砂糖は先に加えた砂糖が完全に溶けてから，次の砂糖を加えるようにする．砂糖が完全に溶けると液汁は透明になる．グレープフルーツを用いた時は，砂糖の一部にペクチンを混合して加える．

【11】 出来上ったマーマレードを熱いうちにびんまたは，塩化ビニリデンなどの袋に詰める．びん詰の場合は90〜100℃，10分間脱気し，密封後，引き続き40分間加熱殺菌し空冷する．塩化ビニリデンなどの袋に詰めた場合は，80〜90℃の湯浴中で加熱殺菌し，殺菌後急冷する．

コツ・ポイント
① 夏みかんの皮の汚れは，熱湯に数分浸けることにより，比較的簡単に落とすことができる．
② 夏みかんの代わりに，グレープフルーツを代用しても一風かわった味のマーマレードが作れる．
③ マーマレードは，みかんの表皮の形を残すので，砂糖を加えて溶かす時，あまり激しく攪拌しないようにするとよい．
④ 果肉を煮つめる時，製品をこがさないように注意すること．
⑤ 表皮を細切する時，4つ割の皮の上下を2cmほど切り落し，そのまま細切してもよい．

測定項目
1．原材料の重量とそのpH
2．諸材料の重量
3．出来上がり重量とそのpH
4．屈折率
5．水分活性

ブドウジャム

黒ブドウを使用した酸味の強い美味なジャムで，ベリーAやキャンベルの品種が適している．

材料
ベリーAまたはキャンベル　1kg
砂糖　約450g
レモン果汁　約15mℓ

工　程
原料→果皮・果肉・種子の分離→煮熟→裏ごし→砂糖添加→煮熟→びん詰→脱気→殺菌→冷却→製品

作り方（所要時間：約2～3時間）

【1】原料のブドウをよく水洗いしたのち，ブドウ1個1個の皮と実を離し，種を除去して鍋にとる．レモン1個分の液汁とじょうのうをきざんで加える．

【2】以上を水を加えずに煮熟する．ブドウ果実重量の30％の水分をとばす．

【3】万能こし器で裏ごしを行う．少量の果皮が残るので包丁で細かくきざみ，裏ごししたものに加え，ソトワールに入れる．

【4】裏ごしした果肉と果皮の同量の砂糖を用意し，1/2の砂糖を加えて火にかける．砂糖がとけたら，残りの砂糖を加えて溶かして出来上がり．

【5】あらかじめ殺菌したびんに，ブドウジャムを熱いうちに入れ，90～100℃，10分間脱気後密封し，引き続き20分間加熱殺菌する．

【6】殺菌後，室温で冷却する．

<備　考>
1. レモンの使用量はブドウ1kgにつき1個でよい．
2. ジャム類は，製造中に加熱が十分行われ殺菌されているので，すぐに食する場合や家庭で作る場合は，殺菌工程を省略し，冷蔵庫で保管するとよい．

測定項目
1. 原材料の重量とそのpH
2. 諸材料の重量
3. 出来上がり重量とそのpH
4. 屈折率
5. 水分活性

キウイジャム

日本で見かけるキウイのほとんどが「ヘイワード」という果皮が薄茶色でうぶ毛があり、果肉は熟すと鮮やかな緑色になる品種である．ヘイワードは甘みと酸味のバランスがよく、種のプチプチとした食感もさわやかさを感じさせる．最近では肉が黄色くて甘みが強い「ホート16A」という品種が出回っている．「ゼスプリゴールド」の人気ブランド名として，市販されている．酸味が少ないのが特徴である．

材料
キウイ　6個
砂糖　約200g
レモン果汁　約15ml

工程
原料→剥皮→砂糖添加→放置→煮熟→砂糖添加→煮熟→びん詰→脱気→密封→殺菌→冷却→製品

作り方（所要時間：約2時間）

【1】キウイは皮を剥き，いちょう切りにする．
【2】キウイに砂糖をふり入れ，水分が出て砂糖が溶けるまで60分間程度放置する．
【3】強火にかけ，煮立ったら「あく」を取り，レモン汁を加えて煮つめる．
【4】あらかじめ殺菌したびんに出来上がったキウイジャムを熱いうちに詰める．
【5】軽く蓋をして90～100℃，10分間脱気後密封し，引き続き20分間殺菌する．
【6】殺菌後，室温で冷却する．

コツ・ポイント ①キウイは熟したものがよい．

＜備　考＞
1．砂糖の添加量は果実重量の50％とする．好みにより添加量を変えてよい．
2．煮込む時間により固さを調節するとよい．ただし，煮つめ過ぎは甘さが増し，果物の香りも消えてしまう．

測定項目
1．原材料の重量とそのpH
2．諸材料の重量
3．出来上がり重量とそのpH
4．屈折率
5．水分活性

FRUITS

ジュース

果実飲料は日本農林規格（JAS）によると，

① 濃縮果汁：果実の搾汁を濃縮したもの．
② 果実ジュース：果実の搾汁または濃縮果汁を還元したもの．
③ 果実ミックスジュース：2種類以上の果実の搾汁または濃縮果汁を還元し混合したもの．
④ 果粒入り果実ジュース：果実の搾汁または濃縮果汁を還元したものに，かんきつ類のさのうやかんきつ類以外の果実の果肉を加えたもの．
⑤ 果実・野菜ミックスジュース：果実および野菜の搾汁または濃縮果汁，濃縮野菜汁を混合したもの．
⑥ 果汁入り飲料：果汁の割合が10％以上，100％未満のもの．

以上6種類に分類されている．原料としてはミカン，オレンジ，グレープフルーツ，リンゴ，パインアップル，ブドウ，トマト，セロリ，ニンジンなどが使用されている．ここではトマトジュース，グレープフルーツ果汁入り飲料およびパインアップルシャーベットについて記載する．

トマトジュース

材料
トマト 大玉4個（約600g）
食塩 約0.5g

工程
原料→剥皮→破砕→調製→加熱→充填→加熱→冷却→製品

作り方（所要時間 約1時間）

【1】 トマトの表面をよく水洗いする．
【2】 洗浄したトマトを熱湯に10秒程度浸したのち，へたを取り除く．
【3】 トマトをスライスしたのち，ミキサーで30秒～1分破砕する．
【4】 得られた果汁をホーロー鍋にて加熱し，沸騰してきたら加熱を止める
【5】 煮上がったトマト果汁を金ザルでこし，大きな種，繊維，皮などを取り除く．
【6】 こした果汁をホーロー鍋に移し，80～85℃になるまで加熱する．
【7】 果汁重量の0.1％の食塩を添加して，よく攪拌する．
【8】 果汁が熱いうちに，すばやく殺菌済みのねじ蓋びんに充填する．
【9】 びんを約80℃の熱湯中で20分間加熱殺菌する．
【10】 室温で冷却する．製品の長期保存は5～10℃で行うのが望ましい．また，数日貯蔵すると熟成が進み，味の深みが増す．

コツ・ポイント ①金ザルでこす際，果肉をできるだけすりつぶし，果汁に加えると濃厚なジュースとなる．また，加熱したびんを急に冷やすと破損するので注意が必要．

測定項目
1. 原材料および諸材料の重量
2. 果汁原液のpH，塩濃度および糖度
3. 出来上がりの重量，pH，塩濃度および糖度

食品加工学 実習・実験

グレープフルーツの果汁入り飲料

材料
グレープフルーツ 1 kg（大2個）
ブドウ糖
果糖
クエン酸
ビタミンC

工程
原料→剥皮→破砕→調製→加熱→充填→加熱→冷却→製品

作り方（所要時間：約1.5～2時間）

【1】 グレープフルーツの皮を剥き，じょうのう膜を取り除き，砂のうだけにする．なお，種子があれば除く．

【2】 砂のうをミキサーで1～2分破砕したのち，万能こし器でこす．

【3】 得られた果汁のうち250 gを使用する．250 gの果汁を3倍に希釈し糖度を測定する．糖度が12％（重量％）になるように，果糖とブドウ糖を1：2の割合で添加する．出来上がり全量の0.5％のクエン酸，0.1％のビタミンCを添加する．

＜例＞
・3倍希釈した果汁の糖度が3％の時，果汁750 g中には，
$(x/750) \times 100 = 3$，$x = 22.5$ gの糖が含まれている．
12％にするには，
$\{(22.5 + x_1) / (750 + x_1)\} \times 100 = 12$ の式から
全体で$x_1 = 76.7$ gの糖が必要になる．したがって，
果糖：$76.7 \times 1/3 = 25.6$ g
ブドウ糖：$76.7 \times 2/3 = 51.1$（g）をそれぞれ添加する．

【4】 調製果汁をホーロー鍋に移し，80～85℃になるまで加熱する．

【5】 果汁が熱いうちに，すばやく殺菌済みのびんに充填し，キャッパー（打栓機）でただちに密閉する．なお充填はびんの上部から2 cm付近まで入れる．次に，約80℃の熱湯中で，20分間加熱殺菌する．

【6】 室温で冷却する（空冷）．製品の長期保存は，5～10℃で行うのが望ましい．

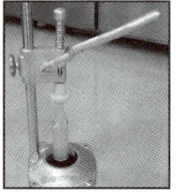

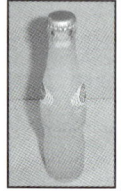

コツ・ポイント ①調製した果汁を加熱する際，加熱しすぎると褐色になるので注意が必要．また，加熱したびんを急に冷やすと破損するので，まな板などを敷いて放置・冷却するとよい．

測定項目
1. 原材料および諸材料の重量
2. 果汁原液および希釈後の果汁のpHとその糖度
3. 出来上がりの重量，pHおよび糖度

パインアップルシャーベット

シャーベットとは果汁または砂糖水に香料などを入れた氷菓を指していう．氷菓は大腸菌群が陰性で，細菌数は1m*l*当たり10,000個以下と食品衛生法で定めている．ここではパインアップルを使用した手作りのシャーベットの製法を記載する．

材料
パインアップル　1個
砂糖　80g
水　45m*l*
パインアップルジュース　300g
キルッシュワッサー　15m*l*

工程
パインアップル→パインアップルボート作成→砂糖水の作成→ジュース作成→冷凍→クラッシュ→冷凍

作り方（所要時間：40〜50分）

【1】　パインアップルボートを作成．
　①パインアップルの葉を切り落とし，よく洗浄する．
　②縦半分に切り，皮と果肉の間に切り込みを入れる．
　③芯の両側から切り込みを入れ，芯を取り除く．
　④芯を取り除いたところに切り込みを入れる（皮まで切らない）．
　⑤果肉をスプーンなどを使って，取り除く．
　⑥かき出した面をきれいにし，冷凍する．

【2】　鍋に材料で記載した砂糖と水を入れて煮溶かし，冷却（約15℃）する．

【3】　パインアップルボートを作った時に出た果肉・果汁に，残りの果肉を加えミキサーに1分程度かけ，こしてパインアップルジュースを作る．

【4】　【2】に【3】で出来たジュースとキルッシュワッサーを加えよく混ぜ，冷凍する．

【5】　表面が凍ったらフォークで全体をかき混ぜ，再度冷凍する．これを数回繰り返し，シャーベット状にする．これをボートに詰め，表面をラップで覆い，再度冷凍する．

【6】　サービスする時は，温まったナイフで切り分け盛り付ける．

コツ・ポイント
①冷凍庫の温度により凍る時間や硬さが異なる．−40℃の冷凍庫で冷凍すると早く固まる．また，硬くなったシャーベットを冷やしたフードプロセッサーでクラッシュすることもできる．

測定項目
1. パインアップルのpHとその屈折率
2. 出来上がりのpHとその屈折率
3. 出来上がり重量（冷凍する時の重量）

乳製品

　乳製品は主に牛の乳を使用した製品が多い．国によっては，羊，山羊，馬の乳を用いた乳製品もある．乳は栄養価の高い食材で，太古からその加工品が利用されてきた．乳を殺菌して飲用に供する牛乳や乳の成分を分離して製品化したバター，チーズなどの加工品がある．ここでは乳酸飲料，バター，ヨーグルト，カッテージチーズ，アイスクリームについて記載する．

乳酸飲料

　乳酸飲料は脱脂乳を主原料とし，これを加熱殺菌後，乳酸菌を培養して乳酸発酵させ，これに多量の砂糖を加えてシラップ状にしたもので商品名カルピスその他で市販されている．スターターとして *Lactobacillus bulgaricus*，*Lactobacillus acidophilus* などが用いられる．

　製法には発酵法と即席法の二通りがある．発酵法は脱脂乳を乳酸発酵させてカードを作り，砂糖を加えてホモジナイザーで均一化し，加熱殺菌後香料を加えてびん詰にしたものである．即席法は脱脂乳に砂糖，乳酸，クエン酸，香料などを加えて製造する．ここでは普通牛乳を用いた即席法による製法を記載する．

材料

- 普通牛乳　1l
- 砂糖　1.2kg
- 乳酸　19ml
- クエン酸　2.5g
- 香料（オレンジエッセンス）　3ml
- 　　　（レモンエッセンス）　3ml

工程

原料乳→砂糖添加→加熱→冷却→酸液などの添加→製品

作り方（所要時間：約0.5時間）

【1】 諸材料の割合は次のようにする．牛乳100mlに対して，砂糖：牛乳の重量の120％，乳酸：1.9ml，クエン酸：0.25g，オレンジエッセンス，レモンエッセンス各0.75ml（エッセンスは牛乳100ml増すごとに0.25ml増とする）．

【2】 瀬戸引ボールに牛乳，砂糖を入れ加熱する．砂糖が完全に溶けるまで攪拌しながら加熱する．

【3】 砂糖が完全に溶けたらボールごと水につけて急冷する．

【4】 乳温が30℃以下になったら，乳酸およびクエン酸を添加する．クエン酸は固体だから小さじ一杯分の水に溶かして加える．酸液を加える時は，常に牛乳をかき混ぜながら少量ずつ加える．最後に香料を加えて攪拌する．

【5】 乳酸飲料はあらかじめよく殺菌しておいたびんなどに移しかえ，冷蔵庫に保管する．

【6】 酸乳は，3～5倍の水などで希釈して飲用する．

コツ・ポイント
①瀬戸引ボールのない場合は，ステンレスのものを使用すること，金属（例えば鉄，アルミニウム）のものを使用すると酸乳の色が変化するので注意が必要．
②酸液を一度に添加すると，酸により牛乳たんぱく質が凝固するので，少量ずつ攪拌しながらゆっくり加えること．

測定項目
1. 原材料の重量とそのpH
2. 諸材料の重量
3. 出来上がりの重量とそのpH
4. 屈折率
5. 水分活性

バター

牛乳加工品の代表的なものの一つ．脂肪に富んだクリームを分離させたのち，チャーニングを行って脂肪球の皮膜を破って塊状に練りあげたもの．製造法により，甘性バターと酸性バターの2種類ある．実習では，牛乳から作るには時間がかかるため，生クリームを用いて甘性バターを作る．

材料
動物性生クリーム　100 ml
食塩　1 g

工程
原料（生クリーム）→振盪（チャーニング）→バタークリームの分離→洗浄→食塩添加→練り（ウォーキング）→脱水→製品

作り方（所要時間：約2～3時間）

【1】 クリームのチャーニング：約10℃に冷却したクリームを広口のポリエチレンびんに入れ，蓋をし，タオルを敷いた台に，1分間に100～120回の速度で手首のスナップをきかせて強く20回たたきつける．蓋を開け，空気を抜いてから再度この操作を繰り返す．

【2】 バター粒の分離：たたいているうちに，びんの内壁に泡立ったクリームがついて白くなり，20分ほどで剝がれ落ちるようになり，音も変わって（ガサッという音）バターミルクとバター粒に分離する．

【3】 バターミルクの排除と洗浄：さらに10回ほど強めにたたきつけたのち，蓋を開け，口にガーゼを当てて輪ゴムをし，軽くふりながらバターミルクを流し出す．冷水（約5℃）をガーゼの上から，びんの1/2量ほど入れ，数回ふってバター粒を洗い，その液を流して捨てる．この操作を3～5回繰り返し，洗液がにごらなくなるようにする．

【4】 バター粒の調味・成型：ガーゼを取り，蓋をして10～20回ほどたたきつけて，バター粒をまとめた後，食塩を入れ切るようによく練り混ぜる．その時出る大きな水滴は流し出し，均一な組織とする．成型したのち，冷蔵庫（冷凍庫）に保存する．

コツ・ポイント
①チャーニングの温度は10℃前後，時間は30分前後がよい．
②クリームの量はチャーン容量の1/3程度がよい．
③バター粒子の大きさは大豆粒大を標準とする．
④市販の生クリームは，脂肪量45％前後である．
⑤出来上がったバターは酸化しやすいため，早めに食するようにする．

測定項目
1. 原材料の重量とそのpH
2. 諸材料の重量
3. 出来上がりの重量とそのpH
4. 屈折率
5. 水分活性

ヨーグルト

ヨーグルトはおもに脱脂乳,加工乳を主原料にして,これら乳に砂糖,寒天などを加え,加熱殺菌後スターターを添加して一定温度に保ち,牛乳を凝固させたものである.製品の殺菌は行わないので乳酸菌が生きており,整腸効果も期待できる.スターターとして *Lactobacillus bulgaricus*, *Lactobacillus acidophilus*, *Streptococcus lactis*, *Streptococcus thermophilus* などがよく利用される.最近 *Bifidobacterium bifidus* も *L. acidophilus* や *S. thermophilus* と併用されている.菌種とその配合割合により独特の風味のヨーグルトができる.

材料
普通牛乳　500ml
砂糖　40g
バニラエッセンス
スターター　40g

工程
原料乳→砂糖添加→加熱→冷却→培養→冷却→製品

作り方（所要時間：約8～10時間）

【1】　牛乳200mlに対する諸材料割合は次の通りとする.砂糖：牛乳の重量の8％,市販ヨーグルト（スターター）：茶さじ1～2杯,または粉末ブルガリア菌：0.4g,バニラエッセンス：3滴.

【2】　牛乳を瀬戸引きボールにとり砂糖を加えて加熱する.砂糖がとけたら火をとめて水中で急冷する.

【3】　40℃以下に冷却後,スターターと香料を加える.スターターを加えたら木じゃくしで泡をたてないようにしてよく撹拌する.

【4】　あらかじめ殺菌しておいたヨーグルトびんまたはコップなどに分注し紙蓋をする.次に37～40℃のふ卵器に入れ6～8時間培養する.培養する温度と時間は多少異なってもよいが,乳が固まったらすぐ取り出して冷却する.

【5】　出来上がったヨーグルトは5℃前後の冷蔵庫に2時間以上おいてから食する.

コツ・ポイント
①ヨーグルト製造中,雑菌の混入しないように手早く操作を行うこと.
②牛乳500mlを使用すると約600mlのヨーグルトができ,ヨーグルトびん6個にちょうど入る.
③近年ヨーグルターと称しヨーグルトを家庭でも簡単にできる機器も市販されており,これを使用してもよい.
④ヨーグルトは冷蔵庫に保存しても,貯蔵期間が長くなると乳酸菌により酸味が増すようになる.

測定項目
1. 原材料の重量とそのpH
2. 諸材料の重量
3. 出来上がりの重量とそのpH
4. 水分活性

カッテージチーズ

チーズの種類は非常に多い．大別すると，ナチュラルチーズとプロセスチーズとになる．チーズは牛乳たんぱく質を凝固し，熟成させたものである．熟成は時間がかかり，また管理が完全でないと製品ができないため，この実習では，熟成を必要としないカッテージチーズの作り方を記載する．

材料
牛乳（500ml）
レモン汁　約45ml
（レモン1個分）

工程
原料→加温→レモン汁添加→水晒し→水切り→製品

作り方（所要時間：約0.5～1時間）

【1】　絞器でレモンを搾り，晒し布巾でこす．
【2】　牛乳を瀬戸引きボールに入れて火にかけ，40℃に温める．
【3】　40℃に保ちながらレモン汁を数回に分けて加え静かに混ぜる．この時pHは約4.5になる．
【4】　別のボールを用意し，その上に万能こし器を置き，晒し布巾を広げて【3】の牛乳液をこす．
【5】　しばらく放置し液汁がきれるのを待つ．（ボールに受けた液汁をホエーという）
【6】　布巾の4隅を持ち上げて，中の固まり（チーズ）を流さないように包み，別のボールに用意した水の中で軽くもみ洗いする．
【7】　水を替えて数回洗い，軽く絞って皿に取る．カッテージチーズの出来上がり．

コツ・ポイント
①牛乳の温度が40℃以上になると，固めのチーズとなる．

＜備　考＞
1．熟成チーズに用いる微生物はカビ，酵母，乳酸菌など，種々のものが使用される．
2．ナチュラルチーズ，プロセスチーズの種類を調べてみるとよい．

測定項目
1．原材料の重量とそのpH
2．諸材料の重量
3．出来上がりの重量とそのpH
4．水分活性

アイスクリーム

乳脂肪に脱脂粉乳や練乳，砂糖，安定剤，乳化剤，香料などを添加して調整したのち，冷却・攪拌しながら凍結したものである．凍結中の攪拌により，空気が抱合されるので舌ざわりがまろやかとなる．学校実習や家庭では，凍結中の攪拌が充分できないので原料をあらかじめ充分攪拌したものを凍結するとよい．

材料
牛乳　50ml
生クリーム　150ml
砂糖　50g
バニラエッセンス
卵　2個（卵黄2個分，卵白1個分）

工程
牛乳→加熱→冷却→卵の調整→牛乳添加→冷却→生クリーム添加→香料添加→混合→容器詰め→凍結→製品

作り方（所要時間：3時間）

【1】 瀬戸引きボール（小）に牛乳をとり，軽く沸騰させたのち，すぐに火を止め，ボールごと氷水につけ冷却する．

【2】 全卵を卵黄と卵白に分ける（1個分の卵白は使用しない）．次にステンレスのボール（中）に卵黄（2個分）と砂糖（40g）を入れて，色が白っぽくなるまで，よく攪拌する．

【3】 【2】で出来た卵黄を攪拌しながら，【1】で出来た牛乳を少量ずつ添加し，十分泡立てる．次によく攪拌しながら"とろみ"がつくまですばやく弱火で加熱する．この時こげないように注意する．加熱が終ったらボールを氷水につけて十分冷却する．

【4】 生クリーム（150ml）を別のボールに入れ，（氷で冷却しながら）攪拌し，つのを立たせるまで攪拌する．つのがたったところで攪拌は中止すること．

【5】 1個分の卵白を別のボールにとり，砂糖（10g）を加え，十分に攪拌する．

【6】 【3】で出来たもの（牛乳＋卵黄）に【4】で出来た生クリームを1/3量加え，また【5】で出来た卵白を加えよく攪拌する．次に残りの生クリームとバニラエッセンスを数滴たらし，冷却しながら手早く攪拌する．

【7】 アイスクリームの容器に移し，ただちに冷凍庫に入れて凍結する．

<備　考>

1．生クリームは動物性脂肪18％，植物性脂肪27％含有のものを使用すると作りやすい．
2．生クリームを動物性のみを使用した時の諸材料の割合は次のようにするとよい．
　　（イ）牛乳50ml，生クリームは牛乳の2倍量とする．砂糖は好みにより牛乳の60～80％とする．
　　（ロ）作り方は前述の通りでよいが，凍結時に生クリームが分離しやすいので，半凍結時に一度，よく攪拌するとよい．攪拌は冷凍庫に入れて15分ほど経過したころがよい．

3．アイスクリーム類の成分規格（乳等省令）は次の通りである．

種　　類	乳固形分	乳脂肪	細菌数	大腸菌群
アイスクリーム	15.0％以上	8.0％以上	100,000/g以下	陰性
アイスミルク	10.0％以上	3.0％以上	50,000/g以下	陰性
ラクトアイス	3.0％以上	──	50,000/g以下	陰性
氷菓（キャンデー　シャーベット等）	──	──	10,000/g以下	陰性

4．市販のアイスクリームには乳化剤や安定剤が入っている．

測定項目
1．原材料の重量
2．諸材料の重量
3．出来上がりの重量とそのpH

畜肉加工品

畜肉製品の原料には豚，牛，鶏，馬，羊，山羊などの食肉が利用されている．これら食肉を加工して，嗜好性を高めた製品が多い．製品によって保存性の原理は異なる．食塩の添加による水分活性の低下，燻煙による防腐効果，保存剤の添加，加熱殺菌による微生物の殺菌などで保存性を高めている．ここでは機器類や時間の制約からウインナーソーセージおよび大和煮について記載する．

ウインナーソーセージ

畜肉加工品にはベーコン，ハム，ソーセージ，缶詰などの種類があり，前3種類にはJAS規格が設けられている．ベーコンやハムは塩漬けや燻煙に時間がかかり，缶詰は特殊な機械（シーマー）を必要とするため実習には不向きである．ここでは，ウインナーソーセージの作り方を記載する．

材料

豚挽き肉（肩肉の赤身を2度挽きしたもの）　300g
食塩　10.5g
砂糖　4.5g
タマネギ　30g
ニンニク　9g
スモークソルト，セイジ，ローズマリー　少量
ソーセージスパイス　1.5g
こしょう　1.5g
羊腸
氷　75g

工程

挽き肉→副材料添加→混合→熟成→充填
→加熱→冷却→製品

作り方（所要時間：約3時間）

【1】 豚の肩肉の赤身を用意し挽き肉にする．この時，2度挽きをする．市販の挽き肉を用意してもよい．

【2】 すり鉢に挽き肉を入れ，そこに，氷（小さく砕いたもの），食塩，タマネギ，ニンニク，砂糖，こしょう，ソーセージスパイス，少量のスモークソルト，セイジ，ローズマリーを加える．この際，タマネギやニンニクはおろし金ですって加える．これらの材料をよくすり混ぜる．

【3】 塩漬けになっている羊腸を，あらかじめ水道水に十分漬けて脱塩を行う．

【4】 羊腸にロートをつけ，【2】で作った材料を入れて押し出すことで，材料を羊腸に詰める．次に，綿糸で左右の端を縛ったのち，約7cmの間隔で2，3回ひねっておく．なお，羊腸に詰める時，空気が入らないように注意すると同時に，羊腸に余裕があるよう（6～7分目くらい）にして詰めるとよい．

【5】 材料が詰まった羊腸を布巾などで包み，沸騰水中で20分間加熱する．加熱終了後，冷水を用いて急冷し製品とする．

コツ・ポイント

① 副材料に香料の強いもの（セロリなど）を加えてみるなど，いろいろと工夫すると独自のウインナーソーセージができる．

② 羊腸に詰める時は，羊腸に穴を開けないように注意する．また，詰める時に余裕を持たせないと，加熱した時に膨張して内容物が羊腸から出てしまうので，注意すること．

③ 羊腸の代わりに人工ケーシングを利用してもよい．

測定項目

1. 挽き肉の重量とそのpH
2. 挽き肉以外のすべての材料の重量
3. 出来上がりの重量とそのpH
4. 水分活性

食肉の大和煮

食肉類を濃厚な調味液で煮熟し保存性を高めた加工食品である．食肉であれば牛肉，豚肉，羊肉，鶏肉のいずれも原料として用いられる．

材料
食肉類 1kg
砂糖 140g
しょう油 250mℓ
しょうが 20g

工程
原料→下処理→細切→湯煮→調味液による煮熟→びん詰→脱気→殺菌→冷却→製品

作り方（所要時間：約2〜3時間）

【1】 原料肉は脂肪層の少ない赤肉を用い，脂肪塊を取り除く．

【2】 原料肉を幅3cm×4cm，厚さ0.5cmほどに切る．

【3】 切った肉片を蒸し器を用い十分な沸騰湯中に入れ，15分間煮る．湯煮中に浮かんでくるアクは捨てる．煮汁の一部は調味液に用いる．

【4】 調味液量の割合は次のようにする．
調味液は原料生肉1kgに対して
しょう油250mℓ（25％），砂糖140g（14％），しょうが20g，煮汁300mℓ（30％）を用意し鍋にとり沸騰させる．

【5】 これに水切りした肉片を入れ，弱火で沸騰を続ける．仕上がりは水切りした肉の重量と調味液の重量の合計量の80％になるまで煮続ける．

＜計算例＞

湯煮した肉の重量 ＋ 調味液の重量 ＋ 鍋の重量 ＝ 合計
　　　　800g ＋ 500g ＋ 400g ＝ 1,700g
　　　　　　1,300の80％まで煮つめる．
　　$1,300 \times \frac{80}{100}$ ＝ 1,040g ＋ 400g ＝ 1,440g

※上の例では火にかける前の重量は1,700gであるから，1,440gになるまで煮つめると仕上がりとなる．

【6】 長期間保存する場合はびんまたは塩化ビニリデンなどの袋に詰め加熱殺菌する．びん詰めにした場合は肉詰め後，軽く蓋をして90℃，15分間脱気後密封し，引き続き40分間加熱殺菌する．殺菌後室温で冷却する．

袋詰にした場合は肉詰め後空気を除いて密封し，80℃，40分間湯浴中で加熱殺菌し，殺菌後冷水中で急冷する．

<備　　考>

1．貯蔵中の製品が油焼けするので，なるべく早く食べるとよい．3カ月くらいは保存できる．

測定項目

1．原材料の重量とそのpH
2．諸材料の重量
3．調味液の所要量
4．調味液のpHとその屈折率
5．出来上がりの重量とそのpH
6．水分活性

FISHES・SHELLFISHES

魚介類加工品

食用に用いる魚介類は500種以上もあり，その加工品の種類も豊富である．魚介類は鮮度低下が早いため，太古から乾燥して水分活性の低下をはかり保存性を持たせてきた．時代とともに加工技術が発達し，保存性のほか嗜好性を重視する加工品が多く出回っている．ここではアサリの佃煮，かまぼこ，粕漬け，味噌漬け，アジの南蛮漬けについて記載する．

アサリの佃煮

貝の佃煮の代表である．特に，アサリは鉄分が豊富である．佃煮用の貝は生でも，むき身の冷凍ものでもよいが，生のものから作ったものの方が風味はよい．

材料
生アサリ（殻付き）500g
（又はアサリのむき身 200g）
しょう油　30ml
料理酒　25ml
みりん　25ml
しょうが　5g
食塩

工程
生アサリ（殻付き）→煮熟→身の分離→味付け→煮熟→製品

作り方（所要時間：約1時間） 
【1】3％の食塩水をアサリがかぶるくらいに入れ，約1～2時間暗所において砂出しをする．
【2】砂出しが終わったら，殻をこするように洗って鍋に入れ，料理酒をふりかけ蓋をして弱めの中火にかける． 
【3】アサリの口が開いたら，貝と煮汁を分ける．
【4】ティースプーンなどを使い，アサリの身を殻からはずす．
【5】鍋に煮汁と刻んだしょうが，みりん，しょう油を加えて弱火にかける．
【6】煮立ってきたらアサリを入れ，約5分間煮る．
【7】煮たらアサリを取り出しておく．
【8】煮汁は焦がさないように煮つめ，とろみがついてきたらアサリを再び戻し，一煮立ちさせる．
【9】アサリを取り出し，器に盛る．煮汁を適量その上にかける．

コツ・ポイント
①アサリの砂だしは十分行う．
②煮汁を煮つめる時やアサリを煮る時には，焦がさないように十分注意する．
③アサリを煮る時に煮過ぎるとふっくらしたものにならない．

測定項目
1．アサリの重量とそのpH
2．アサリ以外のすべての材料の重量
3．出来上がりの重量とそのpH
4．水分活性

かまぼこ

かまぼこは多くの水産練り製品の中でも代表的なものである．各社の工夫を凝らした種々の製品が市販されている．スケトウダラなどの白身の魚肉を原料にしている．魚肉たんぱく質のアクトミオシンの粘弾性を利用したものである．

材料
- すり身　500g
- 食塩　0～5g
- 片栗粉　15g
- 砂糖　15g
- 化学調味料　1g
- 卵白　2個分

工程
すり身→副材料添加→成形→蒸煮→冷却→製品

作り方（所要時間：1時間）

【1】すり身に，その重量の3％の片栗粉，2.5％の砂糖，0.2％の化学調味料，卵白（すり身250gに対して卵白1個分）を加え，よくすり混ぜる．

【2】ポリエチレン食品包装用ラップに【1】をのせ（板を使用してもよい），成形して包み込む．もう一度ラップで包み，さらに，その上を布巾で包む．

【3】90℃で30分間，蒸し器で蒸煮したのち，布巾で包み込んだまま水に入れ冷却し，製品とする．

コツ・ポイント
① すり身は食塩が入っている場合が多いので，食塩は加えないかまたは，加えても少量とする．

② 成形の時には，なるべく気泡が入らないように，ヘラを上手に使う．

測定項目
1. すり身の重量とそのpH
2. すり身以外の材料の重量
3. 出来たかまぼこの重量とそのpH
4. 色，味，香り，硬さの官能評価
5. 弾力試験（レオメーター使用，写真参照）

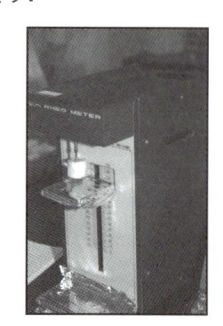

魚の粕漬け・味噌漬け

魚の粕漬けや味噌漬けは伝統的な保存食である．食塩や料理酒，酒粕，味噌を使うことで，身が締まり，味が濃縮されると同時に，酒粕や味噌の風味が魚臭さを消し食べやすくなる．

材　料（A：鯛の粕漬け）
鯛切り身　3切れ（240g）
酒粕　300g
料理酒　75m*l*
みりん　75m*l*
食塩　4.8g

材　料（B：鯛の味噌漬け）
鯛切り身　3切れ（240g）
味噌　300g
料理酒　15m*l*
みりん　15m*l*

工　程
A：原料→鯛の切り身→食塩→冷蔵→酒粕塗布→密封容器詰→冷蔵→製品
B：原料→鯛の切り身→味噌塗布→密封容器詰→冷蔵→製品

作り方（所要時間：約1時間）

A：粕漬け
【1】鯛の重量の2％の食塩を切り身にふり，ラップをして冷蔵庫で1～2時間置いておく．
【2】酒粕に料理酒を入れて，ふやかし，やわらかくなるようもみこむ．やわらかくなったらみりんを加え，さらにもみこむ．
【3】容器に【2】の酒粕を約1/4くらい入れ，底全体に広げる．
【4】鯛の切り身を冷蔵庫から出しキッチンペーパーで切り身の余分な水分をふき取る．
【5】鯛の切り身の両面に【2】の酒粕を塗り，【3】の上に並べる．
【6】余った【2】の酒粕をその上から塗り，蓋をして，2～3日間冷蔵庫で寝かせる．
【7】酒粕を取り除き，漬けた切り身をグリル（弱火）で焼く．

B：味噌漬け
【1】ボールに味噌と料理酒，みりんを入れ，やわらかく練る．
【2】容器に【1】の味噌を約1/4くらい入れ，底全体に広げる．
【3】鯛の切り身の両面に【1】の味噌を塗り，【2】の上に並べる．
【4】余った【1】の味噌をその上から塗り，蓋をして，2～3日間冷蔵庫で寝かせる．
【5】漬けた切り身をグリル（弱火）で焼く．

コツ・ポイント
①粕漬けも味噌漬けも鯛以外の魚を用いる場合は，できるだけ脂ののった魚がよい．
②粕漬けの場合，料理酒やみりんを加えやわらかくする工程は，魚肉に塗布する直前に行い，速やかに塗布するとよい（30分も置くと酒粕が硬くなってしまう）．
③グリルで焼く前に，よく酒粕や味噌を除いておくと焦げが少なく焼きあがる．

測定項目
1．すべての材料の重量
2．出来上がりの重量
3．水分活性

アジの南蛮漬け

濃厚な調味液を用いた小魚類の保存食で，食酢の防腐性を利用したものである．

材料
アジ 10～20尾
しょう油，食酢，日本酒，砂糖，人参，長ねぎ，唐辛子，テンプラ油

工程
原料→下処理→塩水漬け→風乾→油揚→調味液による漬け込み→熟成→びん詰（袋詰）→殺菌→冷却→製品

作り方（所要時間：約2時間）

【1】 アジはエラ，内臓，ゼイゴを除去する．内臓をとるには，肛門から切りさき，胸ビレの付け根でとめる．ノドまで切りさかないようにすると形よく出来上がる．エラは，指で除去する．また頭はつけておく．

【2】 すばやく水洗いしたのち，5％の食塩水に5分間つける．

【3】 アジをザルにとり，風乾する．表面に小じわがよる程度まで乾燥する．風乾が充分でないと油で揚げる時に形がゆがんだり，表皮がはげる．風乾の時間のない時や，充分風乾されなかった時は，水気をとり小麦粉をつけて油で揚げる．

【4】 油温180℃でこげめのつく程度まで揚げる．

【5】 油を切ってボールに丁寧にならべ，【6】で作った野菜類と調味液を加えて2～3日漬け込んでから食する．

【6】 調味液と野菜の所要量

①調味液の所要量

調味液の所要量はアジの処理後の重量と同量作るとよい．

処理後の重量が350gであれば350gの調味液を作る．

②調味液量の割合

しょう油：日本酒：食酢：砂糖は1：1：1：0.5の割合がよい．

例えば，350gの調味液を作る場合

しょう油　$350 \times \dfrac{1}{3.5} = 100g$
日本酒　　$350 \times \dfrac{1}{3.5} = 100g$
食酢　　　$350 \times \dfrac{1}{3.5} = 100g$
砂糖　　　$350 \times \dfrac{0.5}{3.5} = 50g$　となる．

これをボールにとり，沸騰させたのち，ただちに油で揚げたアジを浸漬する．

③野菜の割合

人参（調味液の重量の10％），長ねぎ（調味液の重量の20％），唐辛子（適量）を細切りして油で炒めたのち加える．

【7】 長時間にわたり保存する場合は，びん詰または，塩化ビニリデンなどの袋に入れ加熱殺菌するとよい．びん詰では90～100℃，10分間脱気後密封し，引き続き40分間加熱殺菌する．塩化ビニリデンの袋に詰めた時は80～90℃，40分間加熱殺菌し急冷する．

<備　考>
1. 原料にイワシを用いた時は，うろこを落したのち，頭と内臓を除去して用いる．その他はアジと同様でよい．ワカサギを用いた時は，丸ごと使用する．
2. いろいろな魚で作ってみるとよい．

測定項目
1. 原材料の重量とそのpH
2. 諸材料の重量
3. 調味料の所要量
4. 調味液のpHとその屈折率
5. 出来上がりの重量とそのpH
6. 食塩の定量
7. 水分活性

CEREALS
■

農産加工品

農産物の中では米，小麦，トウモロコシなどの穀類がよく利用される．乾麺などのように保存性を高めた製品もあるが，主に嗜好性を重視した加工品が多い．ここでは主に小麦を原料にしたうどん，そば，食パン，フレッシュパスタ，ミックスピザについて記載する．

うどん

めん類の代表的製品・日本古来の伝統食品で，小麦粉を主原料とし，これに食塩と水を加えてよく練って生地（ドウ）を作り，これを薄くのばしためん帯を細く切っためん線をうどんと呼んでいる．

小麦たんぱく質のグルテンの粘弾性を利用した加工食品．小麦粉はたんぱく質の含有量によって強力粉・中力粉・薄力粉に分けられるが，うどんには中力粉が適している．

材 料

中力粉（強力粉＋薄力粉）　400g
食塩　12g

工 程

小麦粉→食塩・水の添加→生地（ドウ）→放置→めん帯→切断→生めん→製品

作り方（所要時間：約2～3時間）

【1】小麦粉を万能こし器でふるい，ボールに入れる．

【2】小麦粉重量の3％の食塩と52％の水を用意し，食塩水を作る．

【3】小麦粉と食塩水をよく混ぜ，両手で力を入れてよく練りあげる．弾力がでてくる．これを生地（ドウ）という．水が足りない場合は少量ずつ加え，また，水が多すぎた場合は小麦粉を加えて，固さが耳たぶ程度になるまでこねる．

【4】生地が出来たら1時間ほど放置しておく．ぬれた布巾をかぶせて放置するとよい．この間にグルテンの網目構造の形成が進行する．

【5】平らな台の上に薄く小麦粉をひき，生地をのせてめん棒（のべ棒）で一定の厚さになるまで前後左右に動かしてのばす．この間，時々少量の小麦粉をかける．これを打ち粉という．生地が薄くのびたら，めん棒に巻きつけながら前後にころがし，さらに薄くのばす．この操作を4～5回繰り返して3mm程度の厚さにする．出来たものをめん帯という．

【6】めん帯に打ち粉をし，10～15cmほどの帯状に折りたたみ，包丁で3～4mm幅に切って生めんを作る．

【7】出来た生めんをたっぷりの沸騰水中でゆで上げ，ぬめりをとって調味液で味付けして食す．

コツ・ポイント ①柔らか目の生地に小麦粉を加えていくとよい．（硬い生地に水を入れていくのは大変である）．

＜備　考＞

1．中力粉の代わりに強力粉と薄力粉を1：1に混合したものを使用してもよい．
2．食塩の量は季節により多少異なる．夏は食塩の量を多くし，冬は少なくする．
3．生めんを乾燥機で乾燥させ，水分量を15％程度にしたものが乾めんである．
4．小麦粉の性状と用途を次表に示した．

小麦の種類	小麦粉の種類	たんぱく質含有量(％)	粘弾性	用　途
硝子質（硬質小麦またはマカロニ小麦）	強力粉	11.5 〜 13.0 ％	強	マカロニ，フ，パン
中間質	中力粉	7.5 〜 9.0 ％	中	めん類，シューマイの皮など
粉状質	薄力粉	6.5 〜 8.5 ％	薄	ケーキ，ドーナツ，天ぷらの衣

測定項目
1．原材料の重量
2．諸材料の重量
3．出来上がりの重量
4．水分活性

そば

うどんと同じく日本古来の伝統食品．そばはタデ科の一年生草本植物でやせ地や寒冷地にも生育可能な作物．現在は中国，カナダから輸入している．そばの種実は三稜形をしており，その粉は良質のたんぱく質やビタミンB類を含む．また，毛細血管を丈夫にし，高血圧の予防となるルチンも含む．小麦粉と違い，そのたんぱく質は水とこねて生地を作っても比較的粘弾性がないため，そばを作る時は小麦粉を30％前後添加する．つなぎとして小麦粉のほか，卵白や山いもを入れる場合もある．

材料
そば粉　400g
小麦粉（強力粉　120g）

工程
そば粉→小麦粉添加→混合→熱湯注入→混合（すり合わせ）→ふり水→混合（すり合わせ）→生地（ドウ）→めん帯→切断→生そば
　　　　　　　　　　　└7・8回繰り返す┘
→製品

作り方〈所要時間：2〜3時間〉

【1】　ボールにそば粉とそば粉重量の30％の小麦粉を入れ，両手でよく混合する．

【2】　そば粉重量の50％の熱湯（200ml）をそそぎ込み，さい箸などでよく混合する．次に両手で，まだ熱湯と混ざっていない粉をよく混ぜる．粉を両手でもみ合わせるようにしてすり合せする．時間をかけて充分すり合せをすると，ちょうど砂状になる．

【3】　そば重量の10％の水（40ml）を指先につけてふり入れ，そば粉を両手ですり合せする．この操作を5〜6回繰り返し，用意した水を入れる．この間，砂状のそばが，少しずつ大きくなる．気長によく混合する．

【4】　そば重量の10％の水（40ml）を用意し，【3】の操作を2回，繰り返す．この間，そばに粘弾性がつき，少しずつ大きな塊になってくる．最後のふり水をし，すり合せしているうちに，そばは手にべたつきすり合せができなくなる．

【5】　そば重量の10％の水（40ml）を用意して，そばに注ぎ，一気にねり合せて生地（ドウ）を作る．これを6〜8個の小さな球状に分け，乾燥しないようにぬれ布巾をかけておく．

【6】　適当な大きさの台の上にそば粉をふり，そば球をおいて，そば粉をかけ，両手で平たくする．

【7】　めん棒を両手で押しながら，前後左右に移動し，薄くのばす．この間，時々，少量のそば粉をかける．厚さは2mm程度がよい．

【8】　出来ためん帯はラップなどに包んで乾くのを防ぎ，次々とそば球をめん帯にしていく．

【9】　すべてめん帯が出来上がったのち，1枚1枚すべて重ね，中央から2つに切る．

【10】　切り口をそろえて，すべて重ねたのち，適当な長さの真っすぐな木を添えて，切り口から約2〜3mm幅で切断し，生そばを作る．

【11】　出来た生そばをたっぷりの沸騰水中でゆで，流水中で洗ったのち，調味液で味付けして

食す.

コツ・ポイント
①小麦粉の添加割合を少なくするほど,生地を作る時の熱湯の量を減らし,その分,水の量を増やすようにする.
②めん帯を折り曲げない方が,ゆでた時,短くならない.

＜備　考＞
1. 実習では強力粉を使い,つなぎの粘弾性をもたせる.上達するにつれ,中力粉を使うとよい.
2. 何回か作るとコツを覚え,簡単にソバが打てるようになる.また,つなぎに卵白,山いもなどを入れてもよい.ソバ重量の約10％がよい.

測定項目
1. 原材料の重量
2. 諸材料の重量
3. 出来上がりの重量
4. 水分活性

食パン（丸型焼き）

パンは小麦粉に水と膨化剤を添加後混捏しグルテンを形成させ，このグルテン膜に二酸化炭素を保持・膨張させた生地を焙焼したものである．発酵パンと無発酵パンがあるが，ここでは発酵パンについて記載する．

材料 (A)
- 強力粉　150g
- 砂糖　20g
- 微温湯　195g
- イースト　5g
- スキムミルク　15g

材料 (B)
- 強力粉　120g
- 塩　4g

(B')
- 調整用小麦　30g

材料 (C)
- バター　50g

工 程

原料→配合→混捏→一次発酵→ガス抜き→二次発酵→成形→型詰→焙焼→製品

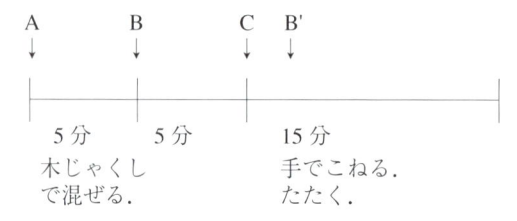

```
A       B       C  B'
↓       ↓       ↓  ↓
|-------|-------|-----------|
  5分     5分       15分
木じゃくし        手でこねる．
で混ぜる．         たたく．
```

作り方（所要時間：3～4時間）

【1】 ボールにAに記載した材料を入れ，木じゃくしで5分間混ぜる．

【2】 【1】にBに記載した材料を加え，再び5分間混ぜる．

【3】 【2】にCに記載したバターを加えたのち，生地をボールの内側にたたきつけるようにして手でさらによくこね続ける．生地が柔らかすぎる場合には，調整用小麦B'を少しずつ加えて，固さを調整する．

【4】 生地がなめらかになったら，まな板などの上に取り出し，たたきつけを行う．生地の端をつかみ思い切りたたきつけて，生地をのばす．約200回行うと，生地面にグルテンの膜が張り，なめらかで，のびのよい生地ができる．（打ち粉は最小限にとどめる）．たたきつけの音が気になる時は，洗濯の要領で生地を前後にギュッ，ギュッともみつける．時々方向を変える．

【5】 次に一次発酵を行う．生地をまんじゅう形に整え，とじ目を下にしてショートニングを塗ったボールに入れる．ラップをかけ28～30℃で1時間発酵させる．湯せん上で行い，温度管理に気をつける（湯せんの温度：40～50℃）．

【6】 生地が2.5倍程に膨れたら，手のひらで軽くガス抜きをする．

【7】 ガス抜きが終わったら生地を3等分し，手のひらで軽く転がし

ながら丸め，濡れ布巾を掛けて20分間生地を休ませる．

【8】 3等分した生地を【6】と同様に，手のひらで軽くガス抜きをしながら生地を再度まんじゅう形に整える．丸型か角型のパン型容器（内側にバターを塗る）に生地のとじ目を下にして，等間隔に置く．37℃で約40分間（発酵生地が型より5～6cm出た状態になるまで）最終発酵させる．

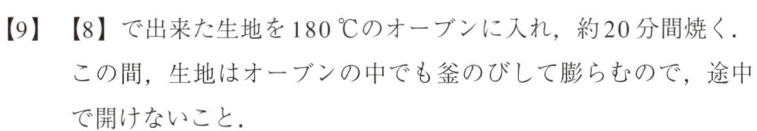

【9】 【8】で出来た生地を180℃のオーブンに入れ，約20分間焼く．この間，生地はオーブンの中でも釜のびして膨らむので，途中で開けないこと．

【10】 オーブンより取り出し，2～3分型に入れたまま放置する．次いで容器から取り出し，荒熱を取る．パン製品の出来上がり．

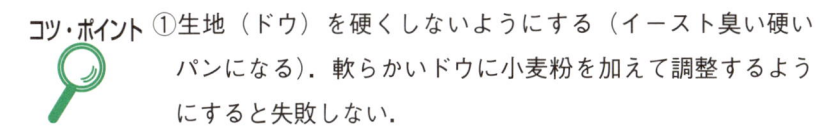

コツ・ポイント
① 生地（ドウ）を硬くしないようにする（イースト臭い硬いパンになる）．軟らかいドウに小麦粉を加えて調整するようにすると失敗しない．

測定項目
1. 原材料の重量
2. 出来上がりの重量
3. 歩留まりの計算

フレッシュパスタ（フィットチーネ）

パスタは色々な種類がある．乾燥パスタの代表がロングパスタのスパゲティであり，ショートパスタの種類も多い．これらの大部分は「デュラムセモリナ粉」と水で作られたものである．フレッシュパスタは，普通の小麦粉と卵，オリーブオイル，水で作られることが多い．パスタの種類は作る料理によって粉の配合や，卵の量が異なる．パスタマシーンを使うと簡単に作ることができる．通常は強力粉のみを用いるが，今回は扱いやすさを優先して，薄力粉を同量用いて作る．

材料
薄力粉　200g
卵　180g（Sサイズ4個）
ピュアオリーブオイル　15m*l*
塩　5g

工程
材料計量→混捏→ねかす→成形（のばす）→裁断→製品→ゆでる

作り方（所要時間：40分，ねかし時間：1時間以上）

【1】　大き目のボールで小麦粉をふるいにかけ，よく混ぜ，山形に盛り，中央にくぼみを作る．

【2】　中央のくぼみに卵を入れ，大き目のフォークで中央から小麦粉とむらにならないように手早く混ぜる．卵と粉が軽くなじんだら，オリーブオイルと塩を加え，均一に混ぜ合わせる．

【3】　均一に混ざったら，ボールの中で一つにまとめ，手で練る．

【4】　生地はラップで包み，1時間以上ねかす．

【5】　生地を3等分にする．台に打ち粉を軽くして，まず手で押して平らにし，次に麺棒を使って，小幅での反復を繰り返し，のばしていく．

【6】　生地の裏に指をかざすと透き通る程度まで，薄く引き伸ばし，軽く粉をして，ロールに巻き，包丁で5mm程度に切る．同様に他の生地ものばして切る．

【7】　大き目の鍋に湯を沸かし，水に対して0.5～1％の塩を加え，パスタをパラパラと入れ，ゆでる．火加減は沸騰して吹きこぼれず，パスタが湯の中でゆらゆら揺れる程度がよい．浮き上がってきたらざるに取り，出来上がりとなる．

【8】　ゆで上がったパスタに，トマトソースやバジルソースをからめて食す．

コツ・ポイント

①生地の練りこみは，長く練ればよいわけではなく，全体が均一に滑らかになればよい（8～15分が目安）

②小麦粉の配合は強力粉のみの場合は生地が硬くなり扱い難くなる．また，ねかし時間を長くしたほうが扱いやすい．塩の量も粉に対して4％程度用いると，さらに生地が硬くなり，扱い難いが味がしまり，パスタのみでも食すことができる．

③卵を減らし，水を用いると少し軟らかめになり，さっぱりとした麺になる．料理に合わせて調整する．

④ゆで上がったらオリーブオイルをふりかけておくと，くっつかない．

測定項目

1. 材料の重量
2. 生パスタの出来上がり重量
3. ゆで上がり重量

ミックスピザ

生地に使う小麦粉によって歯切れ，口当たりが異なる．ピザにのせる材料によって色々なピザができる．トッピングに決まりはない．強力粉のみの生地は，サクサク感が無く噛み切りにくい．

材料

- 強力粉　150g
- 薄力粉　150g
- ドライイースト　5g
- エキストラバージンオイル　4mℓ
- 塩　5g
- 水　180〜210g
- 打ち粉（強力粉）　適量

＜トッピング用＞
- ピザ用チーズ　270g
- ベーコン　140g
- タマネギ　150g
- ピーマン　60g（2個）
- エキストラバージンオイル　適量
- ピザ用トマトソース　50mℓ

工程

計量→混捏→発酵→成形（分割・伸ばす）→ソースと具をのせる→焼く

作り方（所要時間：2時間30分）

【1】強力粉と薄力粉をふるいにかけて，大きなボールに入れる．イースト，塩を粉に混ぜ均一にする．

【2】オリーブオイル，水180gを加えてよく混ぜる．水の分量は加減しながら加え微調整する．

【3】さらによく混ぜ，生地がまとまったら台の上に打ち粉をふり，生地をボールから出してこねる．

【4】全体が均一に混ざり，生地がまとまってきたら丸めて，粉をふった大き目のボールに置き，表面が乾かないようにボールに布巾をかぶせ発酵させる（生地が2倍程度に膨らめばよい：1時間半位）．

【5】2つに分割し，丸めて伸ばすまで，布巾をかけておく．

【6】天板にオリーブオイルを塗る．オーブンを200〜220℃にセットし温めておく．

【7】打ち粉をふり，台の上でオーブンの天板に合わせて麺棒を使って伸ばす（25×25cm程度）．中央を強めに伸ばし，隅は少しづつ伸ばすとよい．

【8】伸ばした生地を麺棒に巻きつけて，天板に敷く．天板の隅が余ったら指で生地を押さえてならし，天板に合わせる．フォークでむらなく空気穴をあける．

【9】ピザ用トマトソースを塗り，タマネギ，ベーコン，ピーマンを順に敷き詰め，最後にチーズを乗せ，好みでオリーブオイルをふり，オーブンで10〜15分焼く．

【10】焼き上がったら，熱いうちに天板から台に外し，切り分ける．

コツ・ポイント

①こね方は，手前から奥に向かって手のひらで押して伸ばし，手前に二つ折にして再び奥に伸ばす．これを繰り返す．生地が滑らかになるまで5分程度こねる．

②時間がある時は，2つに分けて丸めたら，2次発酵させる．

③トッピングにイカやエビなどの魚介類を用いる場合は，生のままでなく，塩ゆでし，オリーブオイルでマリネにしておく（半生になることを防ぐため）．

測定項目

1. 材料の重量
2. 生地の出来上がり重量

BEANS
■

大豆製品

　大豆を利用した加工品は多い．大豆は種類が多く，また，脂質やたんぱく質含量が高いため，その成分のみを抽出した大豆油あるいは植物たんぱく質がある．ここでは機器類や時間の制約から味噌および豆腐について記載する．

味　噌

　味噌は，しょう油とともに大豆製品の代表的なもので，わが国の古来からの伝統的調味料である．味噌の種類は，地方や作り方により非常に多くの種類がある．製造には，長時間かかるので，学生実習には向かないが，家庭でも簡単に作れるので，その方法を記載する．

材　料
大豆　3 kg
米麹　2.4 kg
塩　1.2 kg

工　程
原料（大豆）→水洗い→一晩浸漬→煮熟→水切り→搗潰→混合→熟成→製品

作り方（所要時間：最終製品約10カ月～1年）

【1】　大豆は，虫くいやひね豆を除去したのち，よく水洗いし，一晩水に浸漬する．水が吸収されたら，差し水をする．水は大豆の約2倍必要．

【2】　鍋に大豆と浸し水を加え加熱する．沸騰後，弱火で煮続け，指で軽くつまんでつぶれるくらいまで，柔かく煮る．

【3】　煮上った大豆をざるにとり，煮汁をきっておく．煮汁はとっておく．

【4】　熱いうちに大豆をすりつぶす．すり鉢を用いて細かくつぶす．

【5】　つぶした大豆に，あらかじめ原料大豆の80％の麹，および40％の塩を用意したものを加え，次に，煮汁を加えたのち，よく混ぜ合わす．煮汁の量は固さによってもきまるが，混ぜ合わせた固さは，市販の味噌より固めになるまで数回に分けて煮汁を加える．

【6】　よく洗った蓋付きの容器に，塩を一面にうすく敷き，【5】で出来た味噌の原料を，隙間のないように少しずつ，きっちりと詰める．次に塩を一面にうすくまき，表面をポリエチレン食品包装用ラップなどで，隙間のないように覆い，最後に容器の蓋をする．

【7】　風通しのよい涼しい場所に保管し，10カ月～1年間熟成させる．

コツ・ポイント
①煮熟した大豆をすりつぶす時，肉ひき機，すり鉢，ミキサーなどを用いてつぶすとよい．
②大豆，麹，塩，煮汁を混ぜる時はこねるようにしてよく混ぜる．上達するにつれ塩の量を減らすとよい．
③味噌を漬け込む容器は，かめ，または樽がよい．ない場合は密封容器でもよい．
④味噌は漬け込んでから，かびの繁殖を防ぐために，梅雨時に一度よく混合する．

⑤麹は，新しいものを用いるようにする．
⑥味噌を作る時季は，関東では12月～3月頃までがよい．

<備　考>
1. 味噌の熟成機序と原料による味噌の分類を次表に示した．
2. 初めて作る場合は大豆1kg，米麹1kg，塩400～450gを用い，作りなれたら上記の方法で作るとよい．大豆1kgを用いると製品が約4kgできる．

味噌の熟成機序

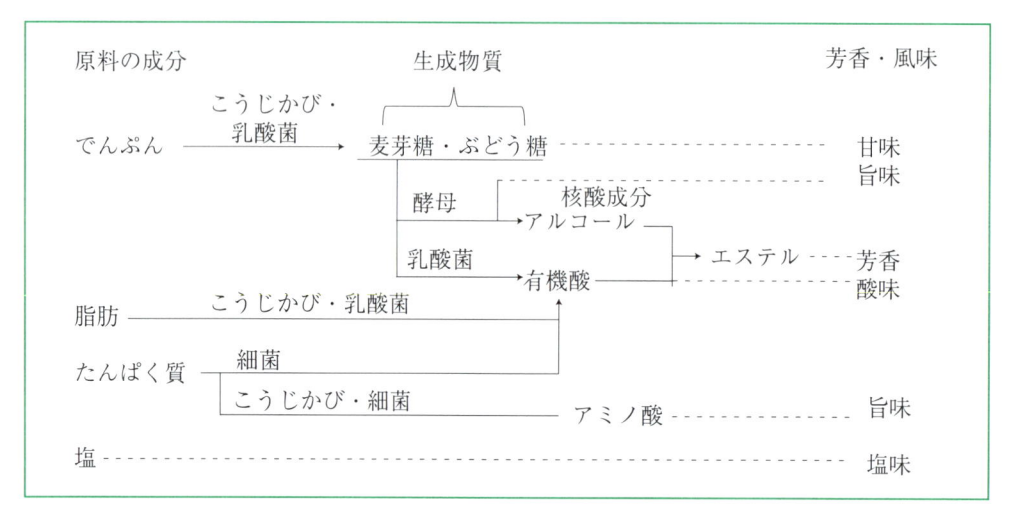

```
原料の成分              生成物質              芳香・風味
            こうじかび・
でんぷん ──乳酸菌──→ 麦芽糖・ぶどう糖 ------- 甘味
                                             旨味
                    酵母      核酸成分
                         →アルコール
                    乳酸菌           → エステル --- 芳香
                         →有機酸                酸味
脂肪 ──こうじかび・乳酸菌──┘
       細菌─────────┘
たんぱく質
       こうじかび・細菌─── アミノ酸 -------- 旨味

塩 ---------------------------------------- 塩味
```

原料による味噌の分類

原料による分類	色	味	産地（通称）
米味噌	クリーム色	甘い	西京味噌　讃岐味噌　近畿　中国　香川
	赤褐色	甘い	江戸甘味噌　東京
	黄色	甘辛い	佃白味噌　静岡
	黄～オレンジ色	塩辛い	信州味噌　長野　関東　その他
	赤褐色	塩辛い	赤味噌　仙台　佐渡 越後味噌等　北海道　東北　関東　新潟　北陸
麦味噌	黄色	塩辛みが少ない	九州　中国　四国　その他
豆味噌	赤褐色	塩辛い	埼玉　九州
	赤褐～黒褐色	塩辛い	八丁味噌　愛知　岐阜　三重

測定項目
1. 材料の重量
2. 諸材料の重量
3. 出来上がりの重量とそのpH
4. 食塩の定量
5. 水分活性

豆腐

豆腐は主に，大豆中のたんぱく質を抽出，凝固させたもので，製造法により木綿豆腐，絹ごし豆腐，袋入り豆腐などがある．この実習書では，木綿豆腐の作り方について記載する．

材料
大豆　250g
凝固剤　約9g
{$CaSO_4$：$MgCl_2$（にがり）＝19：1}
水　2.5l

工程
原料→水に浸漬→摩砕→加熱→ろ過→豆乳→凝固剤添加→型箱入れ→圧搾→水晒し→製品

作り方（所要時間：約4時間）

【1】大豆をよく水洗いし，原料の約4倍の水に一夜浸漬する．

【2】一夜浸した大豆の1/2量と水1lをミキサーに入れ，2〜3分間均一になるまで摩砕する．残りの大豆も同様に摩砕し，0.5lの水で洗いながら鍋（蒸し器）に移す．摩砕したものを呉という．

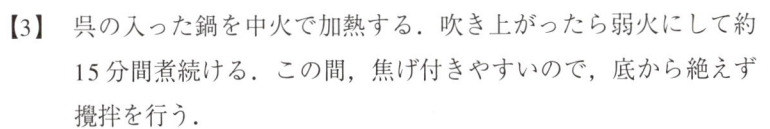

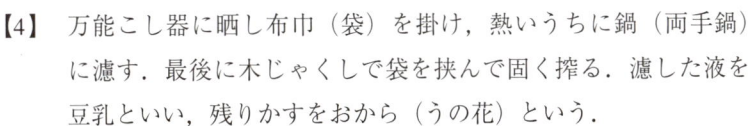

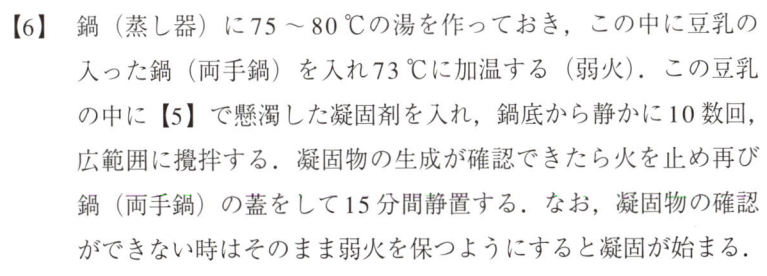

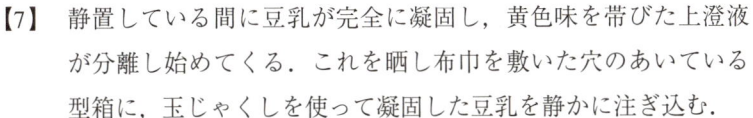

【3】呉の入った鍋を中火で加熱する．吹き上がったら弱火にして約15分間煮続ける．この間，焦げ付きやすいので，底から絶えず攪拌を行う．

【4】万能こし器に晒し布巾（袋）を掛け，熱いうちに鍋（両手鍋）に濾す．最後に木じゃくしで袋を挟んで固く搾る．濾した液を豆乳といい，残りかすをおから（うの花）という．

【5】豆乳の重量をはかり，その0.5％の凝固剤を用意しておく．なお，入れる直前に温水（80℃）100mlに懸濁する．

【6】鍋（蒸し器）に75〜80℃の湯を作っておき，この中に豆乳の入った鍋（両手鍋）を入れ73℃に加温する（弱火）．この豆乳の中に【5】で懸濁した凝固剤を入れ，鍋底から静かに10数回，広範囲に攪拌する．凝固物の生成が確認できたら火を止め再び鍋（両手鍋）の蓋をして15分間静置する．なお，凝固物の確認ができない時はそのまま弱火を保つようにすると凝固が始まる．

【7】静置している間に豆乳が完全に凝固し，黄色味を帯びた上澄液が分離し始めてくる．これを晒し布巾を敷いた穴のあいている型箱に，玉じゃくしを使って凝固した豆乳を静かに注ぎ込む．

【8】晒し布巾の端を折って凝固物をおおい，蓋をして重石（約500g）を乗せる．30分ほど重石を乗せて圧搾する．

【9】圧搾後，箱ごと水中に入れ豆腐が冷めて固定したら，ひっくり返して水中で箱と晒し布巾を取り除き，水晒しを1時間ほどする．

この水晒しの間に過剰の凝固剤が除去され豆腐が出来上がる．

コツ・ポイント ①豆乳の温度は正確に保つようにする．低いと凝固しない．また高いと固い豆腐となる．

測定項目
1．原材料の重量
2．諸材料の重量
3．出来上がりの重量とそのpH
4．水分活性

漬け物

漬け物の種類は多く，農産物や果実類に食酢を加えてｐＨを低下させたもの，あるいは食塩を加えて水分活性を低下したもの，また，これらを併用したものが多い．ここではきゅうりのピクルス，らっきょう甘酢漬け，梅ぼし，白菜漬け，ぬかみそ漬け，白菜の甘酢漬けについて記載する．

きゅうりのピクルス

きゅうりのピクルスは，きゅうりを塩漬けしたのち，数種類の香辛料を加えた調味酢液（ピクルス液）のなかに漬け込んだものである．きゅうりは種子が少なく肉質のよくしまった成熟したものを用意する．

材　料
きゅうり　10本
食酢　約400g
日本酒　約100g
砂糖　約100g
食塩　約100g
香辛料（粒しょう，クローブ，ロリエ，唐辛子，タイム）

工　程
原料→塩漬け→びん詰→調味酢液（ピクルス液）注入→熟成→製品

作り方（所要時間：約1時間，漬け込み時間：5～7日間）

【1】 きゅうり10本をよく水洗いし，へたを切ったのち，半分にする．きゅうりの重量をはかり，その10％の食塩をまぶして一夜漬用の容器に漬け込み，軽く重石をして一晩放置する．

【2】 塩漬けしたきゅうりを適当な大きさの広口びん2個に等分に詰める．水をきゅうりが完全にかくれるくらい入れ，他の容器に移しかえこの重量をはかる．これが調味酢液（ピクルス液）の容量になる．なお，びんはあらかじめ加熱殺菌するか，またはよく洗ったものを使用すること．

【3】 調味酢液（ピクルス液）の作り方

水でピクルス液量をはかる．食酢と日本酒で4：1の割合になるように食酢と日本酒の量をはかる．砂糖は食酢と日本酒の合計量の8％（サワーピクルスの場合），30％（スウィートピクルスの場合）を用意する．ビン1個分の香辛料はクローブ1本，粒こしょう5粒，ロリエ1/2枚，唐辛子半本，タイム1つまみとする．

（例）ピクルス液量350gの場合

食酢　　$350 \times \frac{4}{5} = 280g$

日本酒　$350 \times \frac{1}{5} = 70g$

砂糖　　サワーピクルス　$350 \times \frac{8}{100} = 28g$

　　　　スウィートピクルス　$350 \times \frac{30}{100} = 105g$

　　　　　　　以上の諸材料を瀬戸引きのボールに入れ，加熱する．沸騰したら火からおろし，ボールごと水につけて充分に冷却する．

【4】　きゅうりを入れたびんにピクルス液を注入して1週間ほど漬け込むと出来上がる．

コツ・ポイント　①塩漬けにしたきゅうりをびんに入れ，水でピクルス液量をはかる時，水に浸す時間は30分程度がよい．時間が短いと製品が塩辛いものになる．

＜備　考＞

1. ピクルスは加熱殺菌しないため，使用する材料および器具類は，あらかじめ充分に洗浄しておく必要がある．製品は長期間（1～2カ月）にわたり保存できる．なお，砂糖の量は好みにより8～30％にするとよい．
2. きゅうりのピクルスは，きゅうりのクロロフィル色素がpH酸性下でポルフィン環のMgがHに置換してフェオフィチン（黄色）となる．このため色が変わる．

測定項目

1. 原材料の重量とそのpH
2. 諸材料の重量
3. 調味液の所要量
4. 調味液のpHとその屈折率
5. 出来上がりの重量とそのpH
6. 水分活性

らっきょう甘酢漬け

らっきょうは，6月中旬から7月上旬にかけて収穫される．新鮮で泥のついた中くらいの大きさのものを選ぶ．らっきょうはすぐに芽が出てしまうので，購入後できるだけ早く，漬けてしまうことが肝要である．

材 料（下漬け用）
らっきょう（泥つきのもの） 4kg
塩 300g
水 200ml
重石（らっきょうと同量くらい）

材 料（本漬け用）
酢 1,400ml
砂糖 600g
唐辛子（タカの爪） 10本

工 程
原料→水洗い→水切り→調整→水洗い→下漬け→水切り→本漬け

作り方（所要時間：約3時間，漬け込み時間：約30日）
【1】 らっきょうをよく水洗いし泥を落したのち水切りする．
【2】 手早く茎を切り取り上皮を1枚剥く（皮は必要以上に剥くと身が小さくなるので注意する）．さっと水洗いする．
【3】 茎と根を除去したらっきょうを容器（ボールまたはポリダル）に入れ150gの塩をまぶしたのち，カップ1杯（200ml）の水を入れ，さらに150gの塩をふり，蓋をし，らっきょうの重量と同じ位の重石をのせ7～8日間漬けておく．これを下漬けとする．
【4】【3】のらっきょうをザルにあげ水切りする．むけた皮を除き，布巾などで水けをよく取って広口びんに入れ，唐辛子を入れる．
【5】 甘酢は，次のように作る．酢1,400ml，砂糖600gをボールにとり砂糖がとけるまで加熱し，冷却する．これをらっきょうに静かに注ぎ，ラップをかけ，蓋をきっちりし，冷暗所に保存する．1カ月過ぎたあたりからまろやかな味となり，食べられるようになる．

コツ・ポイント
①皮を剥く時，上皮を1枚だけ剥く．必要以上に剥くと身が小さくなる．
②下漬けする時，2～3日で水が上がる．しかし，一週間ほど漬けた方がよい．
③本漬けで唐辛子の量は，種ごと用いる場合は3～4本でよい．種を除いて入れる場合は，10本くらい輪切りにして入れる．
④本漬けの砂糖の量は，好みにより100～400gを増すとよい．
⑤2年もののらっきょうは身が小さいので，漬け込んだものは花らっきょうとなる．

測定項目
1．原材料の重量とそのpH
2．諸材料の重量
3．調味液の所要量

梅ぼし

梅ぼしは漬け方によって，しそ入り梅干し（普通の梅ぼし），堅梅漬け，白干し梅（しそで着色しないもの），小梅漬けなどの種類がある．

梅の品種，種類は多く，どの梅でも梅干はできるが果肉が厚く，核の小さい白加賀あるいは豊後種などが適している．また，小梅もよく用いられる．梅は熟成したもので，1，2日で黄色に色づくものを使用するとよい．未熟なものでは固く，また，過熟なものでは肉崩れがおきる．

材　料
梅　2kg
塩　420g
しその葉

工　程
原料→水漬け→水切り→塩漬け→水切り→乾燥→しその添加→漬け込み→熟成→製品

作り方（普通の梅ぼし，所要時間：最終製品約4カ月）

【1】 梅を水洗いして，一夜水に漬けておく．梅のあくが抜けるとともに核離れがよくなるともいわれている．

【2】 梅を充分に水切りする．1個ずつ乾いた布巾でふく．

【3】 あらかじめ梅重量の20％の食塩を用意し，かめまたは瀬戸引きの容器に梅と食塩を交互に入れて，押しぶたを置き重石を乗せて約1カ月，冷暗所に放置する．ちょうど夏の土用で塩漬けが終るようにするとよい．重石は梅の実の重量の1/2程度がよい．

【4】 晴天の日に，梅をざるなどに取り出し，一層に並べて直射日光下で乾燥する．普通2，3日乾燥するとよい．梅酢（塩漬けして，出来た液）はとっておく．

【5】 しその葉を梅重量の10％ほど用意し，よく水洗いしたのち，水切りする．次に，しその葉の重量の約10％の食塩を用意し，ボールの中でしそを充分手でもむ．赤黒いあく汁がでるので，これを絞りすてる．塩もみしたしその葉は【4】で出来た梅酢でもう一度もみ直して赤くしておく．

【6】 乾し上がった梅と【5】で塩もみしたしその葉をかめ，または瀬戸引きのボールに交互に漬けこむ．全部漬け終ったら梅酢を注ぎこみ，梅が充分梅酢でひたるまで入れる．

【7】 漬け込みが終ったら，容器に蓋をして保存する．約3カ月間熟成させる．

白干し梅：赤じそを使わないので，出来上がりの梅ぼしが白くなる．
　　　　　作り方は普通の梅干しの操作で【4】まで行い，土用干しした梅にさっと焼酎を吹きつけ，保存用のかめ，または瀬戸引きの容器に入れて蓋をし，11〜12月頃まで置いて製品とする．

小梅漬け：普通の梅干しの作り方とほぼ同じ．塩漬けしたのち水切りをし，土用干ししないで，しそを充分に入れて漬ける．土用干しをする場合は，容器に入れたまま，日光にあ

てる．いずれにしろ小梅にしわがつかないようにするためである．

コツ・ポイント

① 梅は地方により異なるが，6月中旬から7月上旬に収穫される．この時期に梅干しを作る．
② しそは塩もみして充分あくをぬき，あく汁は出来上がりの色を悪くするので搾って捨てなければならない．
③ 小梅は堅めのものがよい．
④ 塩は精製塩でなく，にがり入りの塩，または粗塩がよい．

＜備　考＞
1．梅酢の成分は食塩23％，クエン酸，その他の有機酸が約5％である．
2．しその色素はシソニンという一種のアントシアン系色素である．

測定項目

1．原材料の重量とそのpH
2．諸材料の重量
3．出来上がりの重量とそのpH
4．食塩の定量
5．水分活性

白菜漬け

白菜の種類と品種は非常に多く，約200品種以上もあるといわれている．一般に白菜は耐寒性が強く，晩秋に収穫され，冬の漬け物材料として欠くことのできない存在である．

材　料
白菜　2株
塩　約120g
唐辛子　適量

工　程
原料→日干し→水洗い→塩漬け→製品

作り方（所要時間：最終製品約10日）

【1】白菜は洗わず陽にあてて，2，3日干す．大きい白菜は半分に切って干す．水分が蒸発し甘味が増す．

【2】外側のよごれた葉を除いて丸ごと水洗いし，水気を切る．

【3】4等分に切ったのち，さらに株に切り目を入れておく．

【4】あらかじめ干した白菜重量の3％の塩を用意し，適当な容器にうすく塩をひき，白菜の切り口を上にして，株側と葉先側を交互にきっちりと並べる．次に塩をうすく敷き，白菜を同じようにならべ積み重ねる．唐辛子を少量，半分に切って，一層ごとに1～2本入れる．白菜重量の5％ほどの水を注ぐ．

【5】原料白菜の約2倍量の重石を押し蓋をしたのちのせる．水が上ってきたら，原料白菜重量の約半分くらいの重石に変える．

【6】4～5日後から食べられるようになる．

＜備　考＞

1. 塩漬けする時，水の代わりに酢と水を1：10の割合で混ぜたものを加えてもよい．
2. 好みにより唐辛子のほか，ゆず，レモン，コンブなどを少量きざんで加えると香味がでる．

測定項目
1. 原材料の重量とそのpH
2. 諸材料の重量
3. 出来上がりの重量とそのpH
4. 食塩の定量
5. 水分活性

ぬかみそ漬け

独特の風味をもった夏の漬物の代表である．ぬかみそ漬けは悪臭を生じやすい．これはぬかみその撹拌をおこたると嫌気性の酪酸菌が繁殖し，酪酸を生成するためである．常に撹拌して空気を入れると，酸素の供給が充分になり乳酸菌などの好気性菌が糖，乳酸，アルコール，エステルなどを生じて好ましい香りの漬物ができる．

材 料
- 米ぬか　2.5 kg
- 塩　2.5 kg
- 野菜類（きゅうり，なす，大根，キャベツ，にんじんなど）

工 程
ぬか床作り→ぬか床の熟成→野菜類の漬け込み→熟成→製品

作り方（所要時間：最終製品約1カ月）

【1】適当な容器に米ぬか2～3 kgを入れ，米ぬかと同量の塩を入れ，よく手で混ぜる．次に米ぬかと塩の合計量の60％の水を加え，再び手でよく混ぜる．ぬか床の固さをみながら，少しずつ水を加え，よく混ぜる．混ぜ合わせたぬか床は涼しい所におき，毎日1回かき混ぜると2～3週間でぬか床が出来上がる．

【2】ぬか床に新鮮な野菜のくず（大根やかぶの葉，キャベツなど）を適当な大きさに切り，ぬか床に2，3日入れ，捨てる．これを2，3回繰り返すと，ぬか床が熟成する．

【3】新鮮な野菜を適当な大きさに切り，10～24時間くらい漬け込むと，ぬかみそ漬けが出来上がる．

コツ・ポイント

①ぬか床に追加する水の代わりにコップ1杯（200 ml）のビールか食パン（2枚くらい）を入れるとぬか床の熟成が早まる．また，好みにより，ニンニク，しょうが，唐辛子などを少量入れると香味がでる．

②塩は漬物用の塩がよい．

③ぬか床を作ったなら，毎日かかさずよくかき混ぜる．また，野菜類の漬け込みが始まったなら，2～3回に1度の割り合いで，少量（約10 g）の塩を混ぜておく．

④漬け込みが始まって，ぬか床の量が少なくなったら，米ぬかと適量の塩を入れ，よく混ぜてぬか床をたもつ．米ぬかを追加する目やすは，ぬか床に水がたまるようになったらするとよい．

測定項目
1. 出来上がり製品の食塩の定量
2. 出来上がり製品の水分活性

白菜の甘酢漬け

中華料理の定番漬物である．甘さと酢が効いていてさっぱりとした味わいになる．

材 料
白菜　1/4 個
食酢　45 ml
砂糖　9 g
食塩　5 g
ごま　9 g
赤唐辛子　1 本

工 程
原料→下茹→調味液添加→漬け込み→熟成→製品

作り方（所要時間：約4時間）

【1】 白菜は短冊に切り，塩を加えた熱湯でさっとゆで，水気をしっかり取ったのち，冷却する．

【2】 食酢に砂糖，食塩，ごまを入れて煮溶かしてから輪切りにした赤唐辛子を入れ，白菜と和える．

【3】 4時間から一晩漬け込む．

コツ・ポイント
① 白菜はゆですぎない．
② 酢は一度煮立てることにより，味がまろやかになる．

測定項目
1. 原材料の重量とそのpH
2. 出来上がり重量とそのpH
3. 水分活性

SEASONINGS・BEVEARAGES

調味料と嗜好飲料

調味料の種類は多く，特に日本では味噌，しょうゆは発酵食品として昔から利用されてきた．味噌については大豆製品でその製法を記載したが，調味料の多くは食塩を添加して保存性と嗜好性を高めた加工品である．ここではトマトケチャプ，マヨネーズ，トマトソース，バジルペーストならびに嗜好飲料の甘酒について記載する．

トマトケチャップ

トマトピューレーに各種香辛料，砂糖，食塩，食酢などを加えて煮つめたものである．ここでは，直接トマトから作る方法について記載する．トマトの品種は多いが，赤く完熟したトマトなら，どのような品種のものを用いてもよい．

材 料

トマト　1 kg
砂糖　約25 g
食塩　約2.5 g
食酢　約12.5 ml
タマネギ　約5 g
ニンニク　約0.5 g
（白こしょう，シナモンパウダー，オールスパイス，クローブ，唐辛子）

工 程

原料→剥皮→加熱濃縮→裏ごし（トマトピューレー）→調合［副材料の処理・調合］→加熱濃縮→びん詰→脱気→殺菌→冷却→製品

作り方（所要時間：約2時間）

【1】 トマトのへたをとり水洗いしたのち，熱湯に30～60秒間浸漬する．皮がむきやすくなり，また後の操作がしやすくなる．

【2】 適当な大きさに切り，瀬戸引きのボールに入れ，水を加えずに処理した果肉重量の25％になるまで加熱濃縮する．

【3】 裏ごしにかけてトマトピューレーを作る．

【4】 トマトピューレーに対する諸材料の割合は次の通りとする．
砂糖10％，食塩1％，食酢5％，タマネギ2％，ニンニク0.2％，白こしょう0.2％，シナモンパウダー0.2％，オールスパイス0.2％，クローブ0.2％，唐辛子（少々）

【5】 タマネギ，ニンニク，クローブを細かく切り，これらの材料の10倍量の水を加えて5分間煮る．煮熟後裏ごしにかける．

【6】 瀬戸引きボールにトマトピューレーと【5】で作った裏ごし果肉と果汁を加えて混合する．最後に食酢を加えて加熱する．

【7】 タマネギ，ニンニクなどの裏ごし液の重量に相当する水分を蒸発させる．

【8】 製品の熱いうちに，あらかじめ殺菌しておいたびんに詰め，90～100℃，10分間脱気後密封し，引き続き30分間加熱殺菌する．

【9】 殺菌後室温で冷却する．

＜備　考＞
1．青味の残っているトマトは室温（約20℃）で追熟して赤くしたのち使用する．葉緑素の残っている場合，加熱工程で褐変がおこり，製品の色が悪くなる．
2．水煮缶のトマトを使用する場合は【2】の手順から行う．

測定項目
1．原材料の重量とそのpH
2．諸材料の重量
3．出来上がり重量とそのpH
4．水分活性

マヨネーズ

卵黄のもつ乳化力に食用植物油脂および食酢，食塩，香辛料を加えて調整し，水中油滴型に乳化した半固体状の調味料で，独特の風味と舌ざわりのよい栄養価の高い調味料食品である．

材料
- 卵黄　1個分
- 食塩　2.5g
- 食酢　15ml
- サラダ油　150g
- こしょう　0.25g
- 化学調味料　0.15g
- 砂糖　1.5g
- リンゴ酢　2～3ml

工程
原料→諸材料の添加・混合→卵黄添加→食酢添加→サラダ油添加→食酢添加→味の調整→製品

作り方（所要時間：約30分）
【1】乾いたボールに食塩，こしょう，砂糖，化学調味料を入れよく攪拌する．
【2】つぎに卵黄を入れ泡立器でよく攪拌する．とろっとした状態になる．
【3】食酢を2/3ほど入れ，よく混ぜる．
【4】全体をよく攪拌しながら，サラダ油を1～2滴ずつ添加する．製品が出来上がるまで攪拌し続ける．油が乳化してきたら加える油の量をふやす．
【5】かたくなってきたら残りの食酢を少しずつ加え柔らかくする．つぎに残りの油を添加し攪拌し続ける（油と食酢を交互に加える）．
【6】最後にリンゴ酢で味を調整する．

コツ・ポイント
①マヨネーズを作る適温は16～18℃がよい．
②卵は新鮮なものを使用すること．古い卵黄では乳化力が弱い．なお，マヨネーズの乳化力はレシチンの作用による．
③油の添加は，最初は少ないほど乳化状態がよい．
④食酢の代わりに，リンゴ酢やレモン汁にすると風味のよいマヨネーズが出来上がる．

＜備　考＞
1．JAS規格によるとマヨネーズは水分30％以下，油脂65％以上ときめられている．

測定項目
1．原材料の重量とそのpH
2．諸材料の重量
3．出来上がり重量とそのpH
4．水分活性

トマトソース

イタリア料理の基本ソースの1つ．家庭でも簡単に作れるトマトソースの作り方を記載する．

材料
トマトまたは
ホールトマト（水煮缶）2kg
ニンニク　2片
ニンジン　1本（約100g）
タマネギ　1個（約200g）
セロリ　1本（約150g）
オリーブオイル　150ml
塩　小さじ2杯
こしょう，ローリエ

工程
原料→洗浄→炒め→煮熟→裏ごし→冷却→保存→製品

作り方（所要時間：約1.5時間）

【1】ニンニクは皮を剥き，タマネギ，ニンジンは皮を剥き縦，または横に2つ割りにする．セロリも大きめに切り，鍋にオリーブオイルを入れてとろ火で炒める．

【2】皮と芯をとったホールトマトを手でつぶす．

【3】【1】の中に【2】を入れて，用意した塩を加えて煮る．沸騰するまで強火で加熱し，煮立ったら火を弱め，静かに煮立つ程度の火加減で煮る．

【4】ニンジンに竹串を刺し，すっと刺せる程度に煮えたら野菜を引き出す．40～50分程度の時間がかかる．

【5】最初の重量の2/3位に煮つめると出来上がる．この時，酸味が強く感じたら，もう少し煮込むとよい．

【6】熱いうちにムーラン（うらごし器）でこし，なめらかに仕上げる．ムーランがない場合は金ザルを利用してもよい．

【7】出来上がったソースは常温で冷却する．冷めたら殺菌したガラスびんなどに保存する．

コツ・ポイント
①香味野菜は焼き色がつくまで炒めるとよい．
②【6】でこす時，フードプロセッサーは種がつぶれ，味が変わるので，使わないこと．
③出来上がったトマトソースはしばらくおいた方が，味が落ちつき美味しくなる．
④酸味が強い時は砂糖を少量入れる．
⑤保存容器は酸に強いガラスびんが適している．

測定項目
1．出来上がりの重量とそのpH
2．水分活性

バジルペースト

イタリアの味が簡単に作れるペースト．作り置きをし，パスタ，サラダ，ソースに便利に使用できる．

材料
バジルの葉(生の葉) 400g
ニンニク 10～15g
オリーブオイル 350m*l*
松の実又はくるみ 50g
パルメザンチーズ 50g
塩 30g
黒こしょう 5g

工程
原料→洗浄→破砕→調整→充填→冷却→製品

作り方（所要時間：約0.5時間）

【1】 松の実をすり鉢に入れ，粉砕する．
【2】 バジル，ニンニクは洗浄し，ペーパータオルで拭いて水分を切る．
【3】 ニンニク，松の実，バジル，オリーブオイルをフードプロセッサーに入れて，ペースト状になるまで粉砕する．
【4】 パルメザンチーズをあらかじめ細かく砕き，フードプロセッサーに入れて，撹拌する．
【5】 ペースト状になったら塩を少しずつ添加して，自分の好みの味に調整し，バジルペーストの出来上がりとなる．

コツ・ポイント ①保存期間を長くするため，バジルとニンニクは洗浄したら乾いた布巾で水気を完全にふき取ること．
②保存は冷蔵庫で行うこと．

＜備　考＞
バジルはシソ科の1年生のハーブであり，プランタンでも簡単に作ることができる．

測定項目
1. 出来上がりのpH
2. 水分活性

甘　酒

米飯に米麹を加えて保温し，麹中のアミラーゼの酵素作用によってデンプンを糖化し，ブドウ糖，麦芽糖，デキストリンなどを生成して甘味ができ，また，微量の有機酸やエステル，アルコールなども生じ，特有の芳香をもった日本独特の嗜好飲料である．うるち米，もち米どちらでもできるがもち米の方がおいしい．

材　料

白米またはもち米　200g
米麹　200g
食塩　適量
ショウガ　適量

工　程

白米→水洗い・浸漬→炊飯→放冷→米麹添加・混合→糖化→殺菌→製品

作り方（所要時間：最終製品1～2日）

【1】 白米またはもち米を白濁しなくなるまでよく洗い，その重量の4倍量の水を入れて半日ほど（一昼夜でもよい）ひたしておく．

【2】 かゆ状に炊飯したのち，65～70℃にする．白米と同量の米麹を少量ずつ加え，よく混和する．

【3】 蓋をして，60℃に保温して糖化を行う．保温は5～8時間必要だが，この間，時々攪拌する．一昼夜そのまま放置してもよい．

【4】 白米と同量の温水（50℃）を加えたのち，10分間煮沸殺菌を行う．

【5】 長期保存を行う場合は，殺菌したびん，または塩化ビニリデンに入れ，びん詰の場合は90℃，10分間脱気後密封し，90～100℃で30分間加熱殺菌し，室温で冷却する．塩化ビニリデンなどの袋詰にした場合は，90～100℃で30分間加熱殺菌後，流水中で急冷し，冷蔵庫で保存する．

【6】 甘酒は水で適当にうすめ，加熱して少量の塩，ショウガなどを入れて食する．

コツ・ポイント

① 甘酒は保温温度が最も重要である．実習ではふ卵器を使用するとよい．家庭ではコタツなどで保温するか，60℃の湯浴中に容器を入れて保温する．

測定項目

1．原材料の重量
2．諸材料の重量
3．出来上がり重量とそのpH
4．屈折率
5．水分活性

LIQUOR

果実酒

　酒税法によると果実酒類とは，果実を原料として発酵させた酒類をいう．エキス分は２１度未満であるが，エキス分が７度を超えるものを甘味果実酒，その他を果実酒と呼び分けている．果実酒は発酵して製造するため，一般消費者は製造を禁止されている．しかし昭和28（1953）年より果実類を焼酎につけた，いわゆる"混和酒"は自家用なら作ってよいことになった．混和酒は季節の果実を使うと数十種類のものが作れる．使用するアルコールの度数，氷砂糖の量，果実量により，出来上がった味に差がでてくる．試作は少量（500ml くらい）で作るとよい．果実酒には，薬用効果をもつものもある．ここでは梅酒，みかん酒，すもも酒，かりん酒，いちご酒，くこ酒，またたび酒，しそ酒，ニンニク酒，レモンチェッロについて記載する．

梅　酒
市販の青梅を用いる．

材　料
青梅　　1.5kg
焼酎　　1.8*l*
氷砂糖　1.5kg

作り方
【1】　梅は良果を用い，傷をつけないように丁寧に取り扱う．
【2】　水洗いを行い，ざるなどにあげ，水切りする．
【3】　布巾で水気をよくとる．
【4】　よく洗ったガラスびんに梅と氷砂糖を交互に入れ，最後に焼酎を注ぎこむ．
【5】　蓋をして密閉し，時々容器ごと振ってかき混ぜる．3～6カ月後に梅を取り出す．
【6】　梅はそのまま食べ，梅酒液は水または湯で薄めて飲む．

効　能：梅にはクエン酸，コハク酸，リンゴ酸，酒石酸などの有機酸が含まれ，独特の酸味を付与する．梅酒は疲労回復，食欲増進，下痢止め，暑気あたりの回復効果がある．

みかん酒
夏みかんと温州みかんがよい．他の柑橘類はあまり適さない．

材　料
夏みかん4～5個
（温州みかん14～15個）
焼酎　　1.8*l*
氷砂糖　1kg

作り方
【1】　みかんはタワシをかけてよく洗い，水気をふきとる．皮ごと4ツ割りにするか，輪切りにして，梅酒の要領でガラスびんに材料を漬け込み，暗所におく．
【2】　2週間ほどで飲めるようになる．

効　能：みかんの果肉にはクエン酸，酒石酸，ビタミンCが含まれる．みかん酒は咳止め，風邪の回復効果がある．

すもも酒

すももの酸味は強いものほどよい．

材料
すもも　1.5kg
焼酎　1.8l
氷砂糖　1kg

作り方
【1】　すももはそのまま漬け込むとよい．梅酒の場合と同じ2カ月ほどで飲める．

効　能：すもも酒は疲労回復，咳止めの効果がある．

かりん酒

かりんは"まるめろ"ともいう．熟したものを用いる．

材　料
かりん　5〜6個
焼酎　1.8l
氷砂糖　1kg

作り方
【1】　かりんを厚めに輪切りにし，ガラスびんに漬け込む．
【2】　2カ月ほどで飲めるようになる．

効　能：かりん酒はぜんそく，咳止めの効果がある．

いちご酒

よく熟していて，傷のないいちごを用いる．

材　料
いちご　1kg
焼酎　1.8l
氷砂糖　800g

作り方
【1】　いちご，氷砂糖，焼酎を用意し漬け込む．
【2】　酸味が不足しているから，青梅15〜16個を一緒に漬け込むとよい．色もよくなる．夏みかんの汁を適当にいれてもよい．

効　能：いちごにはビタミンC，リンゴ酸，クエン酸，アントシアン系色素，糖質が含まれる．いちご酒はその嗜好が好まれる．

くこ酒

くこのよく色付いた実を用いる．

材　料
くこの実　500g
焼酎　1.8l
氷砂糖　800g

作り方
【1】　焼酎，くこの実，氷砂糖を漬け込む．2カ月以上おく．

効　能：くこ酒は不老長寿，強壮，強精，健胃，糖尿病，腎臓病，高血圧，動脈硬化予防などの効果があるという．

またたび酒
初夏の頃の青い実

材 料
またたびの実　300g
焼酎　1.8l
氷砂糖　500g

作り方
【1】 焼酎，またたびの実，氷砂糖を漬け込む．2カ月以上おく．
効　能：またたび酒は毛細血管を拡張し血液の循環をよくする．また，神経痛，リウマチ，冷え症にも効果があるという．

しそ酒
焼酎にしその葉と実を混ぜたもの．

材 料
しその葉と実　500g
焼酎　1.8l
氷砂糖　700〜800g

作り方
【1】 焼酎，しその葉と実を混ぜたもの，氷砂糖を漬け込む．1カ月で飲める．
効　能：しそ酒は発汗および解熱作用があるので風邪に効果がある．また，しそにはペリラアルデヒドを含み防腐作用がある．

ニンニク酒

材 料
ニンニク　200g
焼酎　1.8l
氷砂糖　200g

作り方
【1】 焼酎，ニンニク，氷砂糖を漬け込む．約3年でニンニク臭がとれる．
効　能：ニンニク酒は疲労回復，健胃，整腸作用，発汗作用，冷え症に効果がある．また，ニンニクにはアリシンが含まれ，強い抗菌作用がある．

レモンチェッロ

レモンの皮と果実を使用した香りと甘さが特徴のイタリアの食後酒．近年，人気上昇中．

材 料

レモン（無農薬 ノーワックス） 10個
スピリタス（ウォッカ アルコール度96度） 500ml
氷砂糖 300～350g

工 程

原料→洗浄→剥皮→細切→アルコール浸漬→ろ過→シラップ混入→ろ過→室温放置（一週間程度）→製品

作り方（所要時間：約3時間）

【1】 レモンをよく洗ったのち，水分を奇麗な布巾で拭き，ピラーでレモンの皮を薄く剥く．この時，レモンの白い部分を入れないこと．白い部分が入れるとえぐみが出る．

【2】 剥いた皮を細かく刻むが，1～2cm幅でよい．

【3】 薄皮を剥いた，残りのレモンは，包丁で丁寧にレモンの果実が出るくらいに皮を剥く．次にレモンをクシ切りにする．

【4】 洗浄したびんに細かく刻んだレモンの皮，レモン汁，ならびにスピリタス（酒）を入れ，そのまま，8～10日間，室温で放置する．

【5】 シラップは水1lに氷砂糖350gを入れ，加熱して砂糖を溶かしたのち，室温までシラップを冷ます．

【6】 【5】で出来たレモンの原液をろ過する．この時市販のペーパータオルを使用してもよい．

【7】 ろ過した原液とシラップを混ぜ，静かに混合し，なじむまで1週間程度放置して出来上がる．

コツ・ポイント

① レモンの皮は白い部分が入らないように薄く剥くこと．（白い部分が入るとえぐみが出る）

② ピラーで剥くと1～2cmになる．

③ 甘いのが好きなら，砂糖の量を多くするとよい．

＜備 考＞

1. 果実酒を家庭で作るのは法律違反にはならないが，これを販売すると酒税法違反になるので注意が必要．

測定項目

1. 各原材料の重量
2. 出来上がりの重量
3. レモンチェロのpH
4. アルコールの濃度　　測定機器：清酒メータDA-105（京都電子工業K.K.）

3章

品質検査

近年，国民の食の安全と安心を守ることを第一に，食品加工の各種工程および生産される加工食品の品質管理を行うことが強く求められている．品質検査には，化学的，物理的，官能的，ならびに微生物的検査などさまざまな方法が用いられている．ここでは，加工食品の化学的および物理的検査方法のうち，実習と平行して行え，かつ加工・貯蔵原理が理解しやすい基本的な方法について，簡単に記載する．実験方法の詳細については他の成書を参照されたい．

3・1　pH

食品のpHは，動物性食品，植物性食品，それら加工食品などの種類によって大きく異なる．各種食品に含まれる有機酸が酸度や酸味に関係している．生鮮の食肉類，魚介類のpHは6.0〜7.0位のものが多く，果実類は有機酸を多量に含むためpHが低い．加工原材料のpHを測定し，また加工後のpHを測定することにより，微生物とpHの関係を理解する．

なお，日常摂取している加工食品でpHが7.0以上のアルカリ性を示すものには，ピータンやコンニャクがある．

3・1・1　測定方法

1）pH試験紙法

濾紙にpH指示薬を吸着させ，乾燥したものがpH試験紙である．液体食品であれば直接，固体食品であれば少量の蒸留水で浸出した液につけ，すばやく標準pH色調表に照らし合わせて測定す

試験紙名*	標準変色表に示されている測定値									pH測定有効範囲　酸性←　　中性　　→アルカリ性
クレゾールレッド (CR)	0.4 / 7.2	0.6 / 7.4	0.8 / 7.6	1.0 / 7.8	1.2 / 8.0	1.4 / 8.2	1.6 / 8.4	1.8 / 8.6	2.0 / 8.8	橙　黄 (1-2) ／ 黄　紫 (7-9)
チモールブルー (TB)	1.4 / 8.0	1.6 / 8.2	1.8 / 8.4	2.0 / 8.6	2.2 / 8.8	2.4 / 9.0	2.6 / 9.2	2.8 / 9.4	3.0 / 9.6	紫　橙 ／ 黄　青
ブロムフェノールブルー (BPB)	2.8	3.0	3.2	3.4	3.6	3.8	4.0	4.2	4.4	黄　灰
ブロムクレゾールグリーン (BCG)	4.0	4.2	4.4	4.6	4.8	5.0	5.2	5.4	5.6	緑　青
メチルレッド (MR)	5.4	5.6	5.8	6.0	6.2	6.4	6.6	6.8	7.0	橙　黄
ブロムチモールブルー (BTB)	6.2	6.4	6.6	6.8	7.0	7.2	7.4	7.6	7.8	緑　青
アリザリンイエロー (AZY)	10.0	10.4	10.8	11.0	11.2	11.4	11.6	11.8	12.0	黄　朱
アルカリブルー (ALB)	11.0	11.4	11.8	12.2	12.6	12.8	13.0	13.2	13.6	青　茶
ユニバーサル (UNIV)	1 / 10	2 / 11	3	4	5	6	7	8	9	赤　　黄　　緑　　紫

*：ADVANTEC®　　　　　　　　　　　　　　　　　http://www.advantec.co.jp/ 参照

る．一般のpH試験紙は少数点第一位まで測れる．万能タイプ試験紙（Universal type，ADVANTEC）はpH2～11まで，同一の試験紙で測定できるが精度は悪い．なお，試験紙はピンセットを使用し，サンプルはガラス棒に少量つけ，それを試験紙に付着させるようにする．

2）電気的測定法

いわゆるpHメーターで，ガラス電極を用いるのが一般的である．pH試験紙法の項で記載したように，測定しようとする食品の試験溶液を作り，ガラス電極で測定する．精度がよく，少数点第二位まで測定できる．

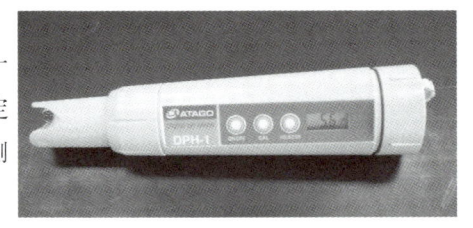

pHメーター

3・2 糖　　度

加工食品の糖濃度は，手持屈折計（糖度計）を用いると簡単な操作で迅速に測定できる．手持屈折計は濃度の違いにより，測定範囲が決まってくる．一般的な手持屈折計は写真に示したようなものが多い．なお最近，糖度を簡単・迅速に測定できる糖度計も使用されるようになり，糖度測定結果がデジタル表示されて見やすくなっている．

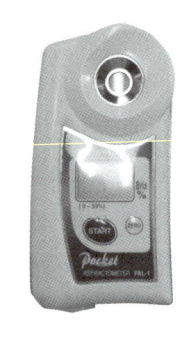

手持屈折計　　　デジタル糖度計

3・2・1 測定方法

1) 試料液をプリズム面に1～2滴落とし，採光板を静かに閉じる．なお，試料液はあらかじめ室温にまで下げておく．
2) 試料液がプリズム面，全体に広がっていることを確認してから，屈折計の先端を明るい方向にむけ，下図のように接眼部をのぞく．
3) 明暗の境界線が目盛を横切るので，その位置を読み取る．読み取った値がパーセントででる．なお，焦点の調整は接眼鏡を回して行う．
4) 測定後は，プリズムの両面を柔らかい，ガーゼまたはティッシュペーパーに水をふくませ，きれいにふきとる．流水中で洗うと故障することがあるので注意する．

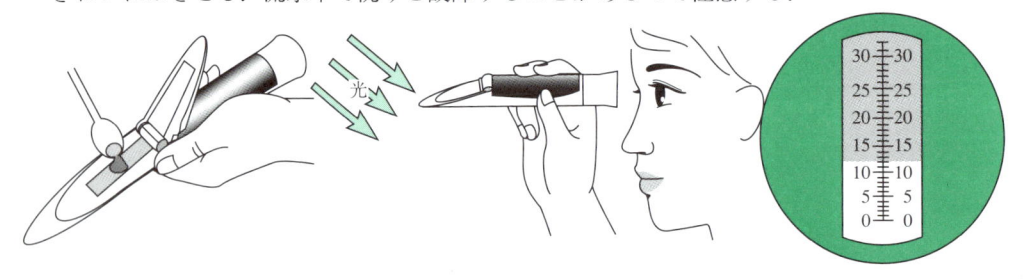

<注意事項>

温度補正：手持屈折計で測定すると，試料温度の違いによって測定値に変化が生じる．手持屈折計は20℃で測定した時に正しい値となるようにつくられている．よって，測定温度によっては補正が必要である．補正の実例を下に示した．巻末の付表5（p.118）から計算する．

接眼からの読み	測定温度	補正値	正しい測定値
56.8 %	15 ℃	− 0.39	56.4 %
32.2 %	22 ℃	＋0.15	32.4 %

屈折計の目盛：手持屈折計の目盛（Brix %）は，水溶液中の可溶性固形分の%を測定するためにショ糖液の重量%によって目盛られている．したがってショ糖，ぶどう糖などの糖液は，その測定値が含有糖度になる．しかし，それ以外の多くの物質は，単に可溶性物質の含有量またはBrix度として，測定値をそのまま使用する．より正確な濃度を求めるには，換算グラフの作成が必要となるが，ここでは割愛する．

使用上の注意

1) 測定後は，プリズム面，採光面および周辺についた試料をきれいにふきとっておく．
2) プリズム面は乱暴に取り扱って傷をつけたり，熱い試料をのせたりしてはいけない．
3) プリズム面が油などで汚れた時は，うすい洗剤をつけた脱脂綿でふき，次に水をつけてふきとってから使用する．

3・3 水分活性

水分活性は，コンウェイの微量拡散ユニットを用いて，図式内挿法による測定法が一般的であるが，再現性が悪く，また，比較的高度のテクニックが必要である．近年，水分活性を機械的に簡単に測定できる機器が市販されているので，ここでは機器を使用して測定する方法を記載する．

3・3・1 水分活性測定器の使い方

1) 電源を入れ，あらかじめ標準溶液で水分活性値を一定値にセットする．
2) 試料をそなえつけの試料皿に入れた後，測定器の本体に挿入し密封する．
3) ある程度時間を置いて測定器の水分活性値を数回読み取る．値が一定となったところが測定値である．測定する試料によっては，測定時間に幅がでるが，大体20～60分で1検体が測定できる．なお，最近の機器（写真）では1検体あたり5分程度で測定することが可能である．
4) 水分活性は，測定温度によって異なるので，測定温度を記入すること．一般に水分活性は25℃で測定を行う．

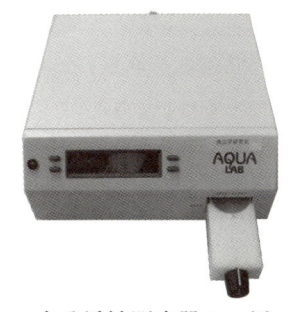

水分活性測定器の一例

3・4 食塩の定量

食品中の食塩の定量法は電気的測定法と滴定法がある．一般の加工食品では電気的測定法が簡便なため，よく用いられている．しかし，誤差が生じやすい欠点がある．一方，一般のNaClの化学分析定量では滴定法が用いられる．両測定法の測定原理はほぼ同一でNaイオン濃度を測定する．

3・4・1 電気的測定法

1）試料溶液の調製

　①液体試料　液体（10ml）をホールピペットでとり100mlメスフラスコに入れ，蒸留水で希釈する．塩濃度によって希釈率を変える．

　②固体試料　試料2.5gを精秤し乳鉢などを用いてよくつぶし，蒸留水250mlを加えて抽出する．

2）測定

① 食塩濃度0.1，5および10％の標準溶液を作る．

② 食塩濃度計の電源をいれた後，電極を5％の食塩濃度のものに約10分間浸漬し，安定化を待つ．

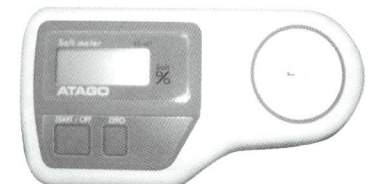

③ 測定する食塩濃度が0.01～5％の範囲の時5％と0.1％の標準溶液で，それぞれ濃度計の指針が5％と0.1％を示すように調製する．また食塩濃度が5～10％の範囲の時は，5％と10％の標準溶液でそれぞれ指針が5％と10％を示すように調整する．なお，測定にあたって，トリスバッファー（トリスアミノメタン）を50mlにつき0.3g添加し，よく撹拌してから電極を入れて指針を調製する．

④ 上記の試料溶液の調製の項に記載した方法により試料溶液を作り，トリスバッファーを所定の量を添加したのち，あらかじめ調整しておいた濃度計の電極を入れ，指示した針の値を読む．

食塩濃度測定計の一例

3）計算

試料中の食塩濃度は次の計算により求める．

$$食塩量（\%）= \frac{食塩濃度計指示値（\%）}{試料採取量（g）} \times 希釈時の試料溶液重量（溶液：gまたはml）$$

［例題］トマトピューレーの試料採取量2.48gでこれを250mlの純水で希釈し測定指示値が0.038％を示した時，この食塩含有量は次のようになる．

$$\frac{0.038}{2.48} \times 250 \fallingdotseq 3.8（\%）$$

3・4・2 滴定法

1）試料溶液の調製

①液体試料

　5～10gの試料を精秤する．食塩濃度の濃い場合は蒸留水で希釈して一定量とする．

②固体試料

　5〜10gの試料を精秤する．試料重量の2〜3倍量の蒸留水を加え，攪拌抽出し，ろ過後一定量とする．

2）滴定

試料溶液の一部（20〜25ml）をホールピペットで三角フラスコにとり，10％クロム酸カリウム溶液を，指示薬として1ml加える．次に0.02M硝酸銀溶液（factor既知）で微赤褐色になるまで滴定する．色のついた試料溶液は判定が難しいので2〜3回繰り返す必要がある．

3）計算

食塩は次のように硝酸銀と反応する．

NaCl+AgNO$_3$ → AgCl+NaNO$_3$　よって，食品中の食塩量は次式により求められる．

　食塩量（％）＝ $a \times F \times 0.00117 \times D/V \times 1/S \times 100$

　a：0.02M硝酸銀溶液の滴定値（ml）

　F：0.02M硝酸銀溶液のfactor

　D：希釈試料溶液の全量（ml）

　V：試料溶液採取量（ml）

　S：試料の採取量（g）

　0.00117：0.02M硝酸銀溶液1mlと反応する塩化ナトリウムの量（g）

3・5　有機酸の定量

食品中の酸は，ほとんど有機酸と考えられる．果実類には特に，リンゴ酸，クエン酸，酒石酸，アスコルビン酸，シュウ酸などが含まれ，果実類のpHに大きく関与している．

食品から有機酸を水などで抽出し，0.1M NaOHで滴定し，得られた滴定値から有機酸量を求める．果実類に含まれる有機酸は一種類ではないので，果実類に応じた有機酸量を換算により求める．また，試料の一定量を中和するのに用いた0.1M NaOH量のml数を滴定酸度という．食品中の有機酸を分離定量するには，ガスクロマトグラフや液体クロマトグラフを用いる方法もあるが，操作が煩雑なため，この実習書では割愛する．

3・5・1　滴定法

液体試料（原液か希釈液）あるいは固体試料の抽出液の一定量（10〜20ml）をホールピペットで三角フラスコにとり，ニュートラルレッド・メチレンブルー混合指示薬を数滴加えて，0.1M NaOH標準液（factor既知）で滴定する．青紫色から緑色に変色した点を終点とする．着色している試料液は滴定終点が見にくいので，水で希釈するとよい．

3・5・2　計　算

次式により有機酸量を求める．

$$\text{有機酸 (W/W) \%} = \frac{a \times V \times F \times Vt/Vp}{S} \times 100$$

a：0.1M NaOH 標準液1mlに相当する有機酸量（g）
V：0.1M NaOH 標準液の平均滴定値（ml）
F：0.1M NaOH 標準液のfactor
Vt：希釈（または抽出）試料液の総量（ml）
Vp：希釈（または抽出）試料液の採取量（ml）
S：試料採取量［g：mlの時は有機酸を（W/V）％で表す］

有機酸	a（g）	主な食品例
リンゴ酸	0.0067	リンゴ, ナシ, モモ, アンズ
酒石酸	0.0075	ブドウ
クエン酸	0.0105	かんきつ類, イチゴ, トマト
乳酸	0.0090	みそ, ヨーグルト

3・6 物性測定

食品の美味しさには味や香りのほかに物性も重要な要因の一つになる．物性を測定する方法は粘性，粘弾性，破断特性などの基本的な物性の特性によってさまざまな機器類が使用されている．特に食品を食した時の咀嚼を想定した測定にはレオメーターやテクスチュロメーターなどが用いられ，かまぼこやゼリーなどの加工食品の品質管理では破断応力や弾性率が測定されている．

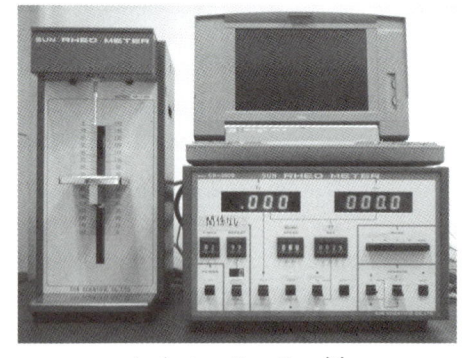

レオメーターの一例

3・6・1 破断応力測定

レオメーターによる測定は，一定の大きさの試料に対して，プランジャーが荷重をかけていき，その荷重をセンサーが記録するようになっている．プランジャーは測定の目的にあわせてさまざまな大きさや形態が考案されている．一般に測定結果は図のような応力曲線となり，破断応力，破断エネルギー，歪率などが求められる．

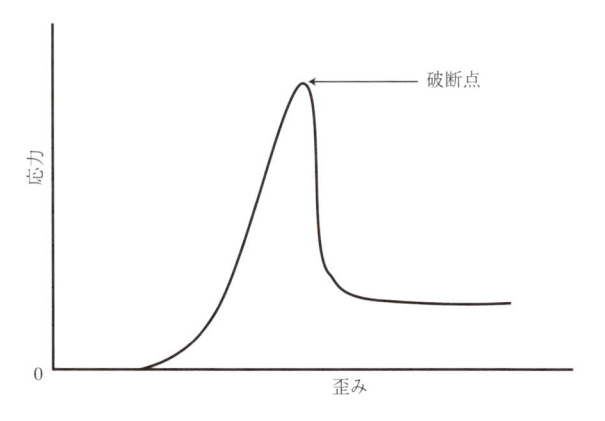

食品加工実習・実験テキスト編

4章

FISHES

水産加工食品

塩干品

　水産加工品の種類は多種類あるが，その中でも塩干品の種類は極めて多い．塩干品は魚介類を塩に浸して脱水したのち，乾燥して水分を除去し，微生物の発育を抑制することで保存性を高めたものである．なお，塩自体にも防腐効果があり，10％以上の食塩濃度では通常の細菌類はほとんど増殖できない．
　本実習ではアジを用いて塩干品を作り，出来上がった製品の品質検査を行うことを目的とする．

材料
新鮮なアジ（20cm程度）　4尾
食塩　適量

工　程
原料処理→立て塩→乾燥→製品

作り方

【1】アジを頭をつけたまま背開きにし，頭も半分になるように切る．実験用として一匹はそのまま冷蔵保存する．

【2】アジの内臓を完全に除去し，水洗いをすばやく行う．処理したアジを10％，15％および20％の異なる濃度の食塩水500mlにそれぞれ一匹ずつ20分間浸漬する．

【3】次にアジを水に5分間ほど漬け，余分な塩を除く．

【4】キッチンペーパーや水きりシートなどを使用して，よく水切りしたアジを低温下（10℃の送風恒温機使用），24～48時間ほど乾燥させ製品とする．なお，品質検査に供するまで同温度で保存する．家庭で干物を作る場合は外気温の下がる冬季で，日陰の風通しがよい所で作るとよい．

測定項目
1．原材料および諸材料の重量
2．pHの測定
3．水分活性測定
4．アジ開き干しに含まれるNaClの定量
5．アジ開き干しの生菌数測定

＜測定方法＞

1．pHの測定

① 実験用に取っておいた未処理のアジの背肉を包丁で丁寧に粉砕後，乳鉢でよくすりつぶす．次に10gを10mlビーカーに精秤し，4mlのイオン交換水を加えてガラス棒にて撹拌したのち，pHメーターで測定する．

食品加工学　実習・実験

② 出来上がったアジ開き干し製品から①と同様に背肉を計りpHを測定する．

2．水分活性測定

　未処理のアジとアジ開き干しの背肉のそれぞれ約30gを包丁で丁寧に粉砕し，水分活性測定装置の容器に入れ水分活性を測定する．

3．アジ開き干し製品のNaCl量の測定

① 試薬

1）0.02M硝酸銀溶液（factor既知）：硝酸銀3.3974gを秤量し，イオン交換水1lに溶解する．硝酸銀溶液は褐色ビンに保存する．また，ビューレットは褐色のものを使用する．

2）10％クロム酸カリウム（K_2CrO_4）：K_2CrO_4 10gをイオン交換水に溶解したのち，100mlに定溶する．

② 測定

1）未処理のアジとアジ開き干しの背肉をそれぞれ包丁で細切したのち，乳鉢でよくすりつぶす．各試料5gを精秤し，100mlのビーカーに入れ，イオン交換水80mlを加える．

2）ウォーターバス上で15分加熱し（温度は70℃程度でよい），NaClを溶出させる．ビーカーの溶液が室温になってから100mlのメスフラスコにろ紙（No3）を用いてろ過する．残渣をイオン交換水で洗いながら正確に100mlに定容する．

3）希釈した溶液10mlをホールピペットで100ml三角フラスコにとり，次に10％（w/v）クロム酸カリウム溶液0.4mlを加え，0.02M硝酸銀溶液で滴定する．終点は黄色から赤褐色になったところで滴定を終了する．

＜NaCl量の計算＞

水産加工食品のNaCl量（％）＝ a×F×0.00117×20×1/10×100

　　　a　　　　：滴定量（ml）
　　　F　　　　：0.02M硝酸銀溶液のfactor
　　　0.00117　：0.02M硝酸銀1mlに相当するNaCl量
　　　20　　　 ：希釈率

4．生菌数測定

① 培地

　標準寒天培地（日水製薬K.K.）の粉末2.35gを200ml三角フラスコに秤量し，イオン交換水100mlを加えてアルミ箔で蓋をしたのち，121℃で15分間高圧蒸気滅菌する．希釈用の0.85％（w/v）NaCl溶液100mlを調製し，同様にして高圧蒸気滅菌する．これらはあらかじめ前日に用意しておくが冷めて固まった培地はウォーターバスで加熱して溶解後，使用直前まで50℃の恒温機に入れておく．

② 器具類の滅菌

　一検体につき使用する三角フラスコ（100ml×1），ガラス棒（×2），試験管（×5）およびメスピペット（20ml×2，5ml×1，1ml×6）は，軽くアルミ箔で包み，160℃，60分間の乾熱滅菌を行っておく．これらの器具類はあらかじめ前日に用意し，使用直前に包みから取り出して用いる．

③ 測定

1) 原料のアジおよびアジ開き干しのそれぞれの背肉を包丁でよく細切したのち，4gを滅菌しておいた100ml三角フラスコに精秤し，アルミ箔で蓋をしておく．

2) 実験台の上を片付け，70％エタノールを含ませたキムワイプで台の上を殺菌する．また，少量の70％エタノールで両手を殺菌する．以下の操作は無菌操作のためガスバーナーのそばで行う．

3) 次に滅菌済み20mlメスピペットで滅菌済の0.85％NaCl溶液36ml（18ml×2）を加え，滅菌済みガラス棒でよく攪拌したのち，静置しておく（10倍希釈液）．

4) 滅菌済み試験管4本に希釈液を滅菌済み5mlメスピペットで4.5mlずつ分注する．

5) 3) で作製した希釈液から残渣を吸わないように，滅菌済み1mlメスピペットを使用して静かに上澄み液0.5mlを取り，0.85％NaCl溶液（4.5ml）の入った試験管に加える（10^2倍希釈液）．

6) 10^2倍希釈液の試験管を手で攪拌したのち，滅菌済み1mlメスピペットを使用して0.5mlを取り，0.85％NaCl溶液（4.5ml）の入った試験管に加える（10^3倍希釈液）．また，10^2倍希釈液1mlを滅菌シャーレに入れる．

7) 10^3倍希釈液の試験管をよく攪拌したのち，別のメスピペットを使用して1mlを別の滅菌シャーレに入れる．

8) 次に50℃に保温した培地20mlを滅菌した20mlメスピペットですばやく加え，静かに実験台の上で攪拌したのち，培地が固まるまで放置する．培地が固まったら，恒温機に入れ，37℃で24～48時間培養する．出現したコロニーを数えて試料1g当たりの生菌数を求める．

練り製品

水産練り製品は日本古来の伝統的加工食品で，その原理は魚肉に含まれている塩可溶性たんぱく質のアクチンとミオシンを擂潰し，粘弾性のでたアクトミオシンを加熱変性させたものである．代表的練り製品はかまぼこ類（包装かまぼこ，かまぼこ，揚げかまぼこ，ゆでかまぼこ，風味かまぼこ，その他），焼ちくわ類，魚肉ハム・ソーセージ類の3つに大別されている．

かまぼこの原料：市販のかまぼこは一般的にはスケトウダラ，グチ，エソ，太刀魚など白身魚が使用されている．近年，原料不足からイワシ，アジ，トビウオなどの赤味魚も利用されている．この他，地方により種々の魚が用いられ，また海外から冷凍すり身を輸入して原料に用いている．なお，すり身の製造は魚体から筋肉部を採取したのち，水晒しを行い，脱水し食塩を加えて，すり身（冷凍）製品としている．

材料

冷凍すり身　500g
片栗粉　15g
砂糖　15g
グルタミン酸ナトリウム　1g

工程

すり身→副原料添加→成形→蒸煮→冷却→製品

作り方

【1】 すり身重量の3％（w/w）の片栗粉を計り，すり身に砂糖，グルタミン酸ナトリウムと一緒にすり鉢に入れてよく混合する．また，残りのすり身はpH測定用として20gをとっておく．

【2】 ポリエチレン食品包装用ラップにすり身をのせ，市販のかまぼこの形状に成形（2本）して包み込む．もう一度ラップで包み，さらにその上を布巾で包む．また，この時，弾力試験用のサンプル（3検体）を調製するため，直径30mm，高さ25mmの円柱状の型にすり身を加えて同様にラップに包んで加熱する．

【3】 蒸し器に水を入れ，中敷きをひき，その上に布巾で包んだすり身を乗せ，30分間蒸煮する．蒸煮後，ただちに水の中に入れて急冷する．よく冷やしたかまぼこを最終製品とする．弾力試験用のサンプルは冷蔵保存しておく．

測定項目

1. 原材料および諸材料の重量
2. すり身のpH
3. 製品（かまぼこ）の重量とそのpH
4. かまぼこの色，味，香り，硬さなどの評価
5. かまぼこの弾力試験

＜測定方法＞
 1．pH の測定

　かまぼこを乳鉢でよくすりつぶし，均一化したかまぼこを 50ml または 100ml ビーカーに 10g 採取し，イオン交換水 4ml を加える．よくガラス棒で混合して pH 試験紙（UNIV→BCG，BTB，MR）または pH メーターで測定する．pH メーターを扱う際には電極の取り扱いに十分に注意し，使用後は電極のガラス部を丁寧にイオン交換水で洗浄しておく．

　また，すり身をビーカーに 10g 採取し，イオン交換水 4ml を加えてよく混合し，かまぼこと同様にして pH の測定を行う．

 2．かまぼこの弾力試験

　レオメーター（ゼリー強度試験器）を使用して測定する．

① 保存しておいた弾力試験用のサンプルを室温（25℃付近）に放置しておく．
② かまぼこ（試験片）の中心がレオメーターのプランジャーの真下に位置するように試料台に乗せる．測定を開始して，試験片が抵抗を失って破断した時の押し込み荷重および凹みの大きさ（％）を測定する．プランジャーは直径 5mm の球状形のものを，毎分 60mm で進入させてデータをとる．3検体の測定を行い，その平均値を求める．なお，押し込み荷重（ゼリー強度）は整数位，凹み（柔らかさ）は少数点第一位まで求める．
③ 市販のかまぼこを直径 30mm，高さ 25mm になるように包丁で整形（1～2検体）して，かまぼこの押し込み荷重と凹みを測定し，実習で作ったかまぼことの弾力を比較する．
④ かまぼこの押し込み荷重と食味試験の結果から，嗜好との関係を考察し，レポートを作成する．

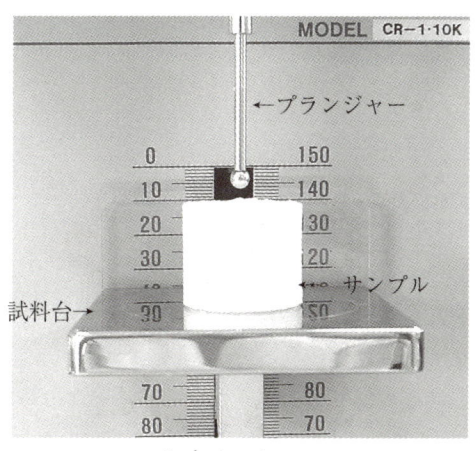

$$＜凹\%の求め方＞：凹み（\%）=\frac{凹み測定値(mm)}{高さ25(mm)}×100$$

レオメーター

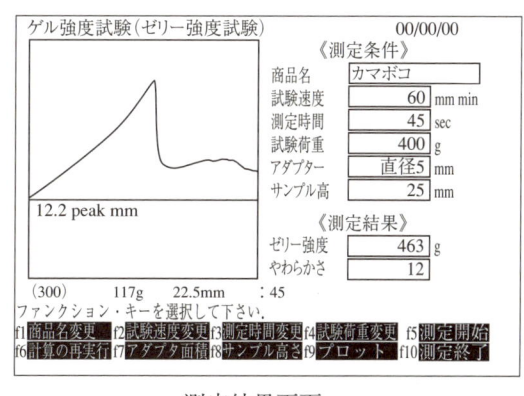

測定結果画面

農産加工食品

マーマレード

マーマレードはかんきつ類の果皮を細切し，煮沸して苦味成分を除き，一方，果肉は煮熟してゼリー状にしたのち，両者を混合し，砂糖と一緒に加熱濃縮して製造したものである．一般にマーマレードといえばオレンジや夏みかんを原料にしたものが多い．ここでは年間を通して手に入りやすいオレンジを用いたマーマレードを作製する．

材料

オレンジ
（中玉300 g程度）3個
＊外皮のきれいな成熟したものがよい．
砂糖
クエン酸

工 程

原料→4分割→剥皮→$\begin{cases} 実→果肉分離（じょうのう）→加熱→煮つめ \\ 皮→切断→湯煮→水切り \end{cases}$

→調合→砂糖添加→加熱→冷却→製品

作り方（所要時間：約3〜3.5時間）

【1】 オレンジをぬるま湯でよく洗い，農薬などを落とす．

【2】 オレンジを縦に4分割し，皮を剥ぐ．

【3】 皮は33ページの図に示すように四隅を切り，小口から2mm幅に切る．

【4】 細切した皮をたっぷりの水で煮る．沸騰したのち40分間大きな鍋で湯煮し続けるとちょうどよい柔らかさになる．

【5】 煮上ったら，皮を水の中に入れ約20分間つけておく．この間，時々水を取り換えることで，苦味が除去できる．

【6】 皮をできるだけ重ならないようにして，乾いた布巾にならべて水切りする．

【7】 果肉は1つずつ，じょうのう膜と実を分離し，ソトワールに入れる．全部のじょうのう膜を細かくきざんで実に加える．実験用として果肉10gをとっておく．

【8】 実とじょうのう膜の1.5倍の水を加えて煮る．果肉と水の合計重量が30％になるまで煮つめる．液汁は，ほとんどなくなる．煮つまったら火を止める．

＜例＞実とじょうのう膜の重量＋水の重量＋鍋の重量＝合計

$$500 (g) + 750 (g) + 300 (g) = 1,550 (g)$$

この重量の30％まで煮つめる．

$$1,250 (g) \times \frac{30}{100} = 375 (g)$$

$$375 (g) + 300 (g) = 675 (g)$$

＊上の例では，火にかける前の重量は鍋ごとで1,550gであり，これを煮つめて675gまで蒸発させるとよい．

【9】 砂糖はオレンジ重量（廃棄の皮をひいた3個分の重量）の70％，同様にクエン酸およびペ

クチンは0.2％を用意する．

【10】【8】で煮つまった果肉に，【6】で水切りしておいた皮を加えて再び火にかける．砂糖にペクチンとクエン酸を混ぜておき，3等分して，3回に分けて加える．先に加えた砂糖が完全に溶けてから，次の砂糖を加えるようにする．砂糖が完全に溶けると液汁は透明になる．その後，弱火で5分間程度加熱して最終製品とする．

【11】出来上ったマーマレードを熱いうちに二重にしたポリビニール袋に詰めて持ち帰る．

＜備　考＞
1. マーマレードは，表皮の形を残すので，砂糖を加えて溶かす時，あまり激しく攪拌しないようにするとよい．
2. 果肉を煮つめる時，製品をこがさないように注意する．
3. 表皮を細切する時，4つ割の皮の上下を2cmほど切り落して，そのまま細切するとよい．

測定項目
1. 原材料の重量とそのpH
2. 諸材料の重量
3. 製品の重量，pHおよび糖度
4. 水分活性（果肉およびマーマレード）

＜測定方法＞

1．pHおよび糖度の測定

オレンジの果肉とマーマレードのそれぞれ約10gを乳鉢ですりつぶしながら攪拌し，pH試験紙（UNIV→BCG，BTB，MR，BPB）および食品用電極の付いたpHメーターを用いて測定する．電極の扱いには十分に注意し，使用後は電極のガラス部を丁寧にイオン交換水で洗浄しておく．また，糖度の測定は手持屈折計を用いて測定する．

2．水分活性測定

オレンジの果肉とマーマレードのそれぞれ約1gを水分活性測定装置の専用容器に入れ，丁寧にガラス棒で容器底面に広げた後，水分活性測定装置に入れ測定を開始する．一時間ごとに値を記録し水分活性値が安定したところで終了とする．

グレープフルーツの果汁入り飲料

果実飲料は 日本農林規格（JAS）によると6種類（p37参照）に分類されているが，一般にはジュースと果汁入り飲料の2通りに大別できる．果実の搾汁のみ使用したものは「○○ジュース」，それに糖類や食品添加物を加えていないものでは「ストレート」，糖類を加えると「（加糖）」と表示し，原料に濃縮果汁や還元果汁を添加したものは「（濃縮還元）」と表示する．これに加糖を添加すると「（濃縮還元・加糖）」と表示しなければならない．

果汁入り飲料は果汁の使用割合を入れ「○○％△△果汁入り飲料」と表示する．果実飲料はすべて生・フレッシュあるいは天然・自然などの表示は禁止されている．純正・ピュアーは許可される場合もある．しかし，果実ミックスジュース，顆粒入り果実ジュース，果実・野菜ミックスジュースおよび果汁入り飲料では純正・ピュアーの表示は禁止されている．

材料
グレープフルーツ　2.5個
砂糖
クエン酸
ビタミンC

工　程
原料→剥皮→破砕→調整→加熱→充填・加熱→冷却→製品

作り方（所要時間：約1.5～2時間）

【1】 はじめにびんと王かんを各3つ用意し，洗浄後，鍋に布巾を敷いて煮沸殺菌（10分間）を行う．

【2】 グレープフルーツの皮を剥ぎ，じょうのう膜と種子を取り除いて砂のうだけにする．

【3】 砂のうをミキサーで30秒間破砕したのち，万能こし器でこす．実験用として20m*l*程度とっておく．

【4】 得られた果汁のうち250g（びん3本分）を使用する．250gの果汁を水で3倍に希釈し糖度を測定する．糖度が10％（重量％）になるように，砂糖を添加する．出来上がり全量の0.5％のクエン酸，0.1％のビタミンCを添加する．

　　例）3倍希釈した果汁の糖度が3％の時，果汁750g中に含まれる糖をx（g）とすると，
　　　　$x/750 = 3/100$ となり，$x = 22.5$（g）の糖が希釈果汁液に含まれている．
　　　10％の糖濃度にするために加える糖をy（g）とすると，
　　　　$(22.5 + y) / (750 + y) = 10/100$ となり，$y ≒ 58.3$（g）の砂糖が必要になる．

【5】 調製した果汁を瀬戸引鍋に移し，80℃になるまで加熱する．

【6】 果汁が熱いうちに，すばやく殺菌済みのびんに充填し，キャッパー（打栓機）でただちに密閉する．なお充填は，びんの口から1.5cmまで入れる．実験用として残りの調製果汁20m*l*程度をとっておく．

【7】 あらかじめ鍋に約80℃の熱湯を用意しておき，打栓した後のびんを熱いうちに布巾で包んで入れる．そのまま約80℃を保持して20分間の殺菌を行う．

【8】 びんをまな板の上に置き室温で冷却する．

測定項目

1. 原材料および諸材料の重量
2. 果汁原液のpHと糖度
3. 3倍に希釈後の糖度
4. 製品の重量（内容量），pHおよび糖度

＜測定方法＞

1．pHの測定

グレープフルーツの果汁と出来上がりの果汁入り飲料についてpH試験紙（UNIV→BCG，BTB，MR，BPB）および食品用電極の付いたpHメーターを用いてpHを測定する．電極の扱いには十分に注意し，使用後は電極のガラス部を丁寧にイオン交換水で洗浄しておく．

2．糖度の測定

手持屈折計およびデジタル糖度計を用いて測定する．

乳製品

ヨーグルト

　乳製品の代表的なものであるヨーグルトの作り方を学ぶとともに，その成分の変化を調べることで加工の原理を理解することを目的とする．また，本実習では2種類の牛乳を用いて2つの原材料に由来する品質および食味の違いを考察する．

　ヨーグルトはおもに脱脂粉乳，加工乳，生乳を主原料にして，これら乳に砂糖，寒天などを加え，加熱殺菌後スターターを添加して一定温度に保ち，牛乳を凝固させたものである．スターターとして *Lactobacillus bulgaricus*, *Lactobacillus acidophilus*, *Lactococcus lactis*, *Streptococcus thermophilus* などがよく利用されている．近年，*Bifidobacterium bifidus* が *L. acidophilus* や *S. thermophilus* と併用されている．菌種とその配合割合によって独特の風味のヨーグルトができる．

材料

普通牛乳・低脂肪牛乳　各500 m*l*
砂糖　32 g
香料（バニラエッセンス）：適量
スターター（市販ヨーグルト）：適量

工　程

原材料→砂糖添加→加熱→冷却→培養→冷却→製品

作り方（所要時間　約1時間）

【1】ヨーグルトびん（5個×2）を布巾で包み，水を張った鍋に入れて100℃，10分間の加熱殺菌を行う．殺菌後，びんをまな板などに伏せて置き，ほこりや雑菌の混入を防ぐ

【2】各牛乳400 m*l* に対して，砂糖32 g（8％），市販ヨーグルト8 g（2％），バニラエッセンス4滴分を用意する．市販ヨーグルトの代わりに粉末ブルガリア菌（0.8 g）でもよい．なお，残った牛乳は各種分析に使用するため冷蔵してとっておく．

【3】各牛乳を瀬戸引鍋に入れ，砂糖を加えて加熱し，木べらを使って穏やかに攪拌する．砂糖がとけたら火を止め，鍋ごと水につけて急冷する．

【4】40℃以下に冷却後，スターターと香料を加え，泡が立たないように静かに攪拌する．

【5】殺菌しておいたヨーグルトびんに丁寧に分注し，紙蓋をする（紙蓋は乾いた薬包紙を用いて輪ゴムで留める）．37℃のふ卵器に入れ，15時間培養する．

【6】実験用に出来上がった各ヨーグルトびんから一部サンプルを採取する．全検体をよく混ぜたものを各種分析に使用する．

＜備　考＞

1. 出来上がったヨーグルトは5℃前後の冷蔵庫に2時間以上置いてから食すとよい．

測定項目
1. 原材料および諸材料の重量
2. 牛乳のpH
3. 製品の重量（内容量）とそのpH
4. 牛乳およびヨーグルトの乳酸量
5. 乳酸菌数の測定

＜測定方法＞

1．pHの測定
　各牛乳および出来上がりのヨーグルトについてpH試験紙（UNIV→BCG，BTB，MR，BPB）または，食品用電極の付いたpHメーターを使用する．電極の扱いには十分に注意し，使用後は電極のガラス部を丁寧にイオン交換水で洗浄しておく．

2．乳酸量の測定
① **試薬**：0.1M NaOH溶液200ml を調製する．200ml ビーカーにNaOHを0.80g秤量し，ガラス棒にて撹拌溶解したのち，200ml メスフラスコに定容する．次に調製した0.1M NaOH溶液とfactor既知の0.1M HCl標準液10ml（10ml ホールピペット）との中和滴定を行い，0.1M NaOH溶液のfactorを求める．なお指示薬として1％フェノールフタレイン溶液2～3滴を使用する．

② **測定**
1）牛乳10ml（10ml ホールピペット）を200ml 三角フラスコに正確にとり，次にイオン交換水（10ml ホールピペットで2回）を20ml と，1％フェノールフタレイン溶液を2～3滴加える．0.1M NaOH溶液で中和滴定し，淡いピンク色になった点を終点とする．滴定量は少数点第2位まで読み記録する．

2）出来上がったヨーグルト2.0gを正確に200ml コニカルビーカーに精秤する．これにイオン交換水30ml（10ml ホールピペットで3回）を加えてよく撹拌し，懸濁する．1）と同様に0.1M NaOH溶液で中和滴定し，滴定量を求める．

＜乳酸量の計算＞
① 牛乳の乳酸量（％）＝V×F×0.009/S_1×100
② ヨーグルトの乳酸量（％）＝V×F×0.009/S_2×100

　V：0.1M NaOHの滴定量（ml）
　F：0.1M NaOHのfactor
　S_1：試料の重量（g），試料量に比重（1.030）をかける．
　S_2：ヨーグルトの重量（g）

3．乳酸菌数の測定

① **培地**：BCP加プレートカウントアガール培地（日水製薬K.K）2.47gを秤量し，300mlの三角フラスコに入れイオン交換水100mlを加えて121℃で15分間高圧蒸気滅菌する．希釈用の0.85％(w/v)NaCl溶液100mlを調製し，同様に高圧蒸気滅菌する．これらはあらかじめ前日に用意し，固まった培地は使用前に電子レンジで1～2分間加熱し，溶解後50℃の恒温機に入れておく．

② **器具類の滅菌**：あらかじめ使用する試験管およびピペットなどのガラス器具類は軽くアルミ箔で包み，160℃，60分の乾熱滅菌を行っておく．これらの器具類は使用直前に包みから取り出して用いる．

③ **測定**

1) 実験台の上を片付け，70％エタノールを含ませたキムワイプで台の上を殺菌する．また，少量の70％エタノールで両手を殺菌する．以下の操作は無菌操作のためガスバーナーのそばで行う．

2) よく撹拌・混合したヨーグルト0.1gを滅菌した試験管に入れ，9.9mlの0.85％NaCl溶液を加えた後，よく撹拌する．

3) 次に9.0mlの0.85％NaCl溶液が入った試験管に，希釈したヨーグルト試験液1mlを加える．この操作を繰り返し，最終的に10^7，10^8および10^9倍に希釈した各試験液を調製する．

4) 滅菌シャーレに10^7，10^8および10^9倍に希釈した試験液を1ml加え，さらに50℃に保温しておいたBCP培地20mlを滅菌したピペットで加えて実験台の上で静かに撹拌して混合する．

5) 実験台の上に放置して培地が固まったのを確かめた後，37℃の恒温槽に入れる．24～48時間後に見られる菌数を数え，ヨーグルト1g当たりの乳酸菌の菌数を求める．

はっ酵乳，乳製品乳酸菌飲料，乳酸菌飲料の成分規格

種　類		無脂乳固形分[※1]	乳酸菌数または酵母数[※2]（1ml当たり）	大腸菌群
はっ酵乳		8.0％以上	1,000万以上	陰性
乳製品乳酸菌飲料	生菌	3.0％以上	1,000万以上	陰性
	殺菌	3.0％以上	－	陰性
乳酸菌飲料		3.0％未満	100万以上	陰性

※1 無脂乳固形分とは，牛乳の全乳固形分から脂肪分を差引いた残りの成分をいい，その内容は，たんぱく質，乳糖およびミネラルなどが主なものである．

※2 乳酸菌数または酵母数の検査には省令（乳等省令）で定められた公定培地を用い，37℃で72時間（3日間）培養後，菌数を測定する．

乳酸飲料

乳酸飲料は脱脂粉乳などを主原料とし，これを加熱殺菌後，乳酸菌を培養して乳酸発酵させ，これに多量の砂糖を加えてシラップ状にしたもので商品名カルピスその他で市販されている．スターターとして *Lactobacillus bulgaricus*，*Lactobacillus acidophilus* などが用いられる．製法には発酵法と即席法の二通りがある．発酵法は脱脂乳を乳酸発酵させてカードを作り，砂糖を加えてホモジナイザーで均一化し，加熱殺菌後に香料を加えてびん詰にしたものである．即席法は脱脂乳に砂糖，乳酸，クエン酸，香料などを加えて製造する．本実習では普通牛乳を用いた即席法による乳酸飲料を作製する．

材料
普通牛乳　1*l*（1kg）
砂糖　1.2kg
乳酸　19m*l*
クエン酸　2.5g
香料（オレンジエッセンス，レモンエッセンス）各3m*l*

工　程
原料乳→砂糖添加→加熱→冷却→酸液などの添加→製品

作り方（所要時間：約0.5時間）

【1】諸材料の割合は次のようにする．牛乳1*l*（1kg）に対して，砂糖を牛乳の重量の120％（1.2kg），乳酸19m*l*，クエン酸2.5g，オレンジエッセンス，レモンエッセンス各3m*l*を用意する．

【2】瀬戸引鍋に牛乳，砂糖を入れ加熱する．砂糖が完全に溶けるまで攪拌しながら加熱する．

【3】砂糖が完全に溶けたら鍋ごと水につけて急冷する．

【4】乳温が30℃以下になったら，乳酸およびクエン酸を添加する．クエン酸は固体のため，小さじ一杯分の水に溶かして加える．酸液を加える時は，常に牛乳をかき混ぜながら少量ずつ加える．最後に香料を加えて攪拌する．

【5】実験用に出来上がった乳酸飲料から20m*l*程度をとり，冷蔵庫に入れておく．

＜備　考＞

1. 瀬戸引鍋のない場合は，ステンレスのものを使用する．金属（例えば鉄，アルミニウム）のものを使用すると酸乳飲料の色が変化しやすいので注意が必要．
2. 酸液を一度に添加すると，酸により牛乳たんぱく質が凝固するので，少量ずつ攪拌しながらゆっくり加えるようにする．
3. 乳酸飲料は350～500m*l*のペットボトルに入れて持ち帰る．
4. 乳酸飲料は，3～5倍の冷水などでうすめて飲用する．

測定項目
1. 原材料および諸材料の重量
2. 牛乳のpH
3. 製品の重量，pHおよび糖度

＜測定方法＞

1．pHの測定

　各牛乳と出来上がりの乳酸飲料についてpH試験紙（UNIV→BCG，BTB，MR，BPB）および食品用電極の付いたpHメーターを用いてpHを測定する．電極の扱いには十分に注意し，使用後は電極のガラス部を丁寧にイオン交換水で洗浄しておく．

2．糖度の測定

　手持屈折計およびデジタル糖度計を用いて測定する．出来上がった乳酸飲料は糖度が高いため，水で希釈して測定するとよい．

アイスクリーム

乳脂肪に脱脂粉乳や練乳，砂糖，安定剤，乳化剤，香料などを添加したのち，冷却・攪拌しながら凍結したものである．凍結中の攪拌により，空気が抱合され増量するとともに，舌ざわりもまろやかとなる．この増加量をオーバーランという．オーバーランが少ないと口の中に入れた時に冷たく感じたり，水分が多く重たい舌ざわりとなる．オーバーランは乳化剤や脂肪含量により異なるが，一般にアイスクリームで70〜90％，シャーベットで30〜40％である．実習では，凍結中の攪拌が充分できないので原料をあらかじめ攪拌したものを凍結してアイスクリームを作製する．

材料
牛乳　50ml
生クリーム　150ml
砂糖　50g
バニラエッセンス
卵　2個
（卵黄2個分，卵白1個分）

工程
牛乳→加熱→冷却→卵の調整→牛乳添加→冷却→生クリーム添加→香料添加→混合→容器詰め→凍結→製品

作り方（所要時間：約2時間）

【1】瀬戸引鍋に牛乳50mlを計量し，軽く沸騰させた後，すぐに火を止め，鍋ごと氷水につけ冷却する．

【2】卵を卵黄と卵白に分ける（1個分の卵白は使用しない）．次にボールに卵黄（2個分）と砂糖（40g）を入れて，色がやや白くなるまでよく攪拌する．

【3】出来た卵黄に【1】で出来た牛乳を加えた後，十分に攪拌して泡立てる．次にとろみがつくまですばやく弱火で加熱する．この時，焦げないように注意する，加熱が終わったら容器を氷水につけて冷却する．

【4】生クリーム（150ml）を別のボールに入れ，氷で冷却しながら攪拌し，つのが立つまで攪拌する．つのがたったところで攪拌を止める．

【5】1個分の卵白を別のボールにとり，砂糖10gを加え，十分に攪拌する．

【6】卵黄と牛乳の混合物に出来た生クリームと卵白，そしてバニラエッセンスを数滴添加し，少し混ざる程度に攪拌しアイスクリームミックスを作成する．ここで実験用としてある程度均一になったミックスをアイスクリームカップ（120ml）一つに入れる．残りのミックスは空気を含ませるために十分に攪拌し，実験用と同じ体積になるようにアイスクリームカップに手早く入れ，ただちに冷凍庫にて凍結する．

測定項目
1. 原材料および諸材料の重量
2. 製品の重量
3. オーバーランの測定
4. アイスクリームの顕微鏡観察

食品加工学　実習・実験　111

＜測定方法＞
1．オーバーランの測定

出来上がったアイスクリームと実験用のアイスクリームの重量を測定する．オーバーラン（％）を下記の計算式により求める．

$$\text{オーバーラン（\%）} = \frac{\text{アイスクリームの重量（g）} - \text{アイスクリームミックスと同体積のアイスクリームの重量（g）}}{\text{アイスクリームミックスと同体積のアイスクリームの重量（g）}} \times 100$$

$$= \frac{\text{実験用アイスクリームの重量（g）} - \text{出来上がりのアイスクリームの重量（g）}}{\text{出来上がりのアイスクリームの重量（g）}} \times 100$$

2．アイスクリームの顕微鏡観察

実験用アイスクリームまたは出来上がりのアイスクリームをスライドガラスにそれぞれ一滴とり，その上にカバーガラスを軽く乗せて，すばやく顕微鏡観察を行う．気泡の状態や脂肪球の大きさをスケッチして比較する．

レポート用紙 ＜例＞：以下を参考にして作成する．なお，用紙はA4を使用のこと．
食品加工実習・実験レポート　　　月　　日（　）学科　　年　　クラス
　　　　　　　　　　　　学籍番号　　　　氏名_____

実習・実験項目

材料

製造の原理・方法

測定の項目・方法

測定項目の結果・考察

感想

<付　表>

付表1　空缶の寸法・内容量

かん型	内径(mm)	高さ(mm)	内容積(ml)	かん型	内径(mm)	高さ(mm)	内容積(ml)
1号	153.5	176.8	3,090.5	小型2号	52.3	52.7	101.7
2号	99.1	120.9	872.3	マッシュルーム1号	52.3	56.5	102.8
3号	83.5	113.0	572.7	マッシュルーム2号	65.4	69.2	210.7
4号	74.1	113.0	454.4	マッシュルーム3号	74.1	95.3	379.3
5号	74.1	81.3	318.7	マッシュルーム4号	83.5	142.3	732.0
6号	74.1	59.0	223.2	果実7号	65.4	81.3	249.3
7号	65.4	101.1	318.2	3号たて	83.5	158.2	―
特殊7号	65.4	76.0	231.2	2号ポケット	99.1	33.3	212.1
8号	65.4	52.7	152.5	3号ポケット	83.5	30.3	125.3
さけ4号	74.1	118.6	479.6	7号ポケット	65.4	23.8	66.0
平1号	99.1	68.5	468.2	だ円1号	158.9 / 106.7	38.5	448.2
平2号	83.5	51.1	240.5	だ円3号	125.7 / 83.0	31.5	225.2
平3号	74.1	36.0	125.9	アスパラ角1号	86.0 / 73.5	158.5	934.3
さけ2キロ	153.5	109.0	1,876.0	角3号B	106.2 / 74.6	22.0	120.9
かに1号	99.1	71.7	493.7	角3号D	106.2 / 74.6	52.0	223.0
かに2号	83.5	55.9	265.2	角3号E	106.2 / 74.6	29.0	173.7
かに3号	74.1	39.2	138.6	角5号A	103.4 / 59.5	30.0	135.0
ツナ1号	99.1	59.0	396.6	角5号C	103.4 / 59.5	19.0	71.7
ツナ2号	83.5	45.5	208.9	角7号A	97.6 / 46.0	30.0	97.7
ツナ3号	65.4	39.2	108.9	角7号C	97.6 / 46.0	20.0	61.0
ツナ1キロ	153.5	59.8	950.0	角8号	122.2 / 74.8	32.4	233.2
ツナ2キロ	153.5	113.8	1,959.1	角9号	138.7 / 81.5	31.5	282.8
ツナ2.5キロ	153.5	127.5	2,203.9	18リットル	234.4 / 234.4	349.0	19,319.9
小型1号	52.3	88.4	175.7				

（注）高さはフタ巻締缶の寸法を表す．

付表2　缶容器の種類

種　類	品　目	性状・用途	性　質
ブリキ缶および塗装缶	3ピース缶（丸缶，角缶）「うわ蓋，胴体，底蓋」2ピース缶「うわ蓋，胴体（打ち抜き）（丸缶，変形缶）	魚肉，畜肉，蔬菜，飲用缶（塗装缶もある）．	鉄板にスズメッキしたものおよびエポキシ樹脂などを塗装したもの
ティンフリースチール（TFS）缶	3ピース缶（丸缶，角缶）2ピース缶（丸缶，変形缶）	調理済み食品，各種飲料ビール，炭酸飲料，ジュース	クロムメッキ鋼板を使用
アルミ缶	3ピース缶（丸缶，角缶）2ピース缶（丸缶，変形缶）	ティンフリースチール缶と同じブリキ缶と同じ	
アルミ箔容器	軟質アルミ箔硬質アルミ箔	パイ，ケーキ，調理食品用．同上	

注：缶切りのいらない，プルトップ缶（イージーオープン缶，パッカン）が主流を占めている．

付表3　おもな缶詰品名マーク

第一・第二字…原料の種類				第三字…調理法	
原料名	マーク	原料名	マーク	調理方法	マーク
たけのこ	BS	ブドウ（マスカット）	GU	（水産）水煮	N
ふき	BR	フルーツミツ豆	RM	味つけ	C
にんじん	CT	フルーツサラダ	RX	塩水づけ	L
れんこん	LN	パイナップル	OR	トマトづけ	T
グリーンピース	PR	牛肉	BF	オリーブ油づけ	O
〃（乾燥もどし）	PM	馬肉	HF	くんせい	S
シュガーピース	PA	馬肉混合	HB	かば焼	K
松茸	MT	鶏肉	CK	（果実）全糖	Y
ナメコ	NO	豚肉	PK	併用	Z
マッシュルーム	MS	ソーセージ	SG	固形詰	D
トマト	TM	ハム	HA	（そ菜）（食肉）水煮	W
アスパラガス（ホワイト）	AW	タラバガニ	JC	味つけ	C
スイートコーン（黄）	CN	サケ	CS	第四字…形・大小	
〃（白）	CM	マス	PS	大	L
みかん	MO	マグロ	BT	中	M
夏みかん	OS	カツオ	SJ	小	S
もも（白）	PW	サバ	MK	その他	
〃（黄）	PY	イワシ	SA	ジュース	JU
びわ	LT	サンマ	MP	ジャム	JM
リンゴ	AL	アジ	HM	ゼリー	JJ
あんず	AO	イカ	CH		
いちじく	CA	クジラ（赤肉）	WP		
くり	CP	エビ	PN		
桜桃	CR	アサリ	BC		
洋なし（バートレット）	BP	赤貝	BL		
和なし	JP	カキ	OY		

付表4 包装容器・缶容器の種類と性状

種類	防湿性	防水性	気体遮断性 (保香性)	耐熱性	ヒート シール性
ポリエチレン					
(低密度)	○	◎	×	×	◎
(中密度)	○	◎	×	○	◎
(高密度)	○	○	×	○	◎
ポリプロピレン	○	◎	×	○	○
ポリスチレン	△	○	×	○	×
塩化ビニル	○	◎	◎	○	○
塩化ビニリデン	◎	◎	◎	○	○
ポリエステル	◎	◎	◎	◎	×
ナイロン	△	◎	◎	◎	×
ビニロン	×	△	△	○	×
クラフト紙/ポリエチレン	○	×	×	○	◎
PETボトル*	◎	◎	○	×	×
アルミ箔/ポリエチレン	◎	◎	◎	◎	◎
ラミネートフィルム(レトルト食品用){ポリプロピレン/アルミ箔/ポリプロピレン}	◎	◎	◎	◎	◎

◎:優, ○:良, △:可, ×:不可

* PETボトル：PETボトルは耐圧性が高いため，炭酸飲料，清涼飲料，アルコール飲料などの容器に使用される．また，薄い被膜にしたものをビデオテープなどに使用する．強酸，強アルカリに弱い．

付表 5　温度補正表（糖液基準）

TABLE—Correction table for determining the percentage of sucrose by means of the refractometer when the readings are made at temperatures other than 20℃

℃ ＼ %	0	5	10	15	20	25	30	35	40	45	50	55	60	65	70
						糖液 % (g/100g)									
						(−) 読みとった%から減ずる									
10	0.50	0.54	0.58	0.61	0.64	0.66	0.68	0.70	0.72	0.73	0.74	0.75	0.76	0.78	0.79
11	0.46	0.49	0.53	0.55	0.58	0.60	0.62	0.64	0.65	0.66	0.67	0.68	0.69	0.70	0.71
12	0.42	0.45	0.48	0.50	0.52	0.54	0.56	0.57	0.58	0.59	0.60	0.61	0.61	0.63	0.63
13	0.37	0.40	0.42	0.44	0.46	0.48	0.49	0.50	0.51	0.52	0.53	0.54	0.54	0.55	0.55
14	0.33	0.35	0.37	0.39	0.40	0.41	0.42	0.43	0.44	0.45	0.45	0.46	0.46	0.47	0.48
15	0.27	0.29	0.31	0.33	0.33	0.34	0.35	0.36	0.37	0.37	0.38	0.39	0.39	0.40	0.40
16	0.22	0.24	0.25	0.26	0.27	0.28	0.28	0.29	0.30	0.30	0.30	0.31	0.31	0.32	0.32
17	0.17	0.18	0.19	0.20	0.21	0.21	0.21	0.22	0.22	0.23	0.23	0.23	0.23	0.24	0.24
18	0.12	0.13	0.13	0.14	0.14	0.14	0.14	0.15	0.15	0.15	0.15	0.16	0.16	0.16	0.16
19	0.06	0.06	0.06	0.07	0.07	0.07	0.07	0.08	0.08	0.08	0.08	0.08	0.08	0.08	0.08
						(+) 読みとった%に加える									
21	0.06	0.07	0.07	0.07	0.07	0.08	0.08	0.08	0.08	0.08	0.08	0.08	0.08	0.08	0.08
22	0.13	0.13	0.14	0.14	0.15	0.15	0.15	0.15	0.15	0.16	0.16	0.16	0.16	0.16	0.16
23	0.19	0.20	0.21	0.22	0.22	0.23	0.23	0.23	0.23	0.24	0.24	0.24	0.24	0.24	0.24
24	0.26	0.27	0.28	0.29	0.30	0.30	0.31	0.31	0.31	0.31	0.31	0.32	0.32	0.32	0.32
25	0.33	0.35	0.36	0.37	0.38	0.38	0.39	0.40	0.40	0.40	0.40	0.40	0.40	0.40	0.40
26	0.40	0.42	0.43	0.44	0.45	0.46	0.47	0.48	0.48	0.48	0.48	0.48	0.48	0.48	0.48
27	0.48	0.50	0.52	0.53	0.54	0.55	0.55	0.56	0.56	0.56	0.56	0.56	0.56	0.56	0.56
28	0.56	0.57	0.60	0.61	0.62	0.63	0.63	0.64	0.64	0.64	0.64	0.64	0.64	0.64	0.64
29	0.64	0.66	0.68	0.69	0.71	0.70	0.72	0.73	0.73	0.73	0.73	0.73	0.73	0.73	0.73
30	0.72	0.74	0.77	0.78	0.79	0.80	0.80	0.81	0.81	0.81	0.81	0.81	0.81	0.81	0.81

この表は 1936 年国際砂糖分析法統一委員会で制定され 1966 年の同委員会で再確認されたものです.
International Temperature Correction Table, 1936, adopted by the International Commission for Uniform Methods of Sugar Analysis (Int. Sugar J. 39 24S, 1937).

＜参考文献＞

家庭の保存食，(1970)，建帛社

カビの科学，(1981)，地人書館

管理栄養士国家試験対策問題と解答，(2003)，第一出版

Kewpie News，(1974)，キューピー株式会社広報室

五訂食品材料学，(1984)，光生館

四季の手づくり食品，(1982)，富民協会

食の科学，(1981)，株式会社光淋

食品学実験，(1978)，建帛社

食品加工および貯蔵，(1981)，建帛社

食品加工学の実習・実験，(1983)，化学同人

食品加工実習，(1975)，地人書館

食品加工実習テキスト，(1981)，建帛社

食品工業，(1974)，光淋書院

食品と容器，(1973)，缶詰技術研究会

食品の貯蔵と加工，(1976)，同文書院

食品の水，(1976)，恒星社厚生閣

食品微生物学ハンドブック，(1995)，技報堂出版

食品保蔵学，(1982)，恒星社厚生閣

新訂 食品材料学，(1984)，理工学社

新版 食品加工学概論，(2009)，同文書院

新版 食品加工実習，(1999)，恒星社厚生閣

そばの本，(1983)，文化出版局

食べ物と健康，(2011)，同文書院

手づくりの味いろいろ，(1983)，自然の友社

手づくりの食品全集，(1983)，婦人生活社

東京水産大研報，(1980)，東京水産大学

日本農林規格品質表示基準，(2003) 中央法規

要説応用微生物学，(1983)，新思潮社

四訂食品学，(1984)，建帛社

<索　引>

あ 行

アイスクリーム　45,111
アクチン　100
アクトミオシン　52,100
アサリの佃煮　51
アジの南蛮漬け　54
アスコルビン酸　93
甘酒　82
アルカリ処理法　19
アルミニウム缶　10
アントシアン系色素　73
イチゴジャム　28
　　プレザーブタイプ　28
いちご酒　84
イチジクのシラップ漬け　27
ウインナーソーセージ　47
ウォーキング　42
うどん　56
うの花　67
梅酒　83
梅ぼし　72
　　堅梅漬け　72
　　小梅漬け　72
　　しそ入り梅干し　72
　　白干し梅　72
うるち米　82
塩蔵品　7
オーバーラン　111
おから　67

か 行

加工乳　106
果実酒　83
カッテージチーズ　44
加熱殺菌法　3
カビ　3
かまぼこ　52,101
かりん酒　84
間歇殺菌　4
缶詰　9,10
緩慢凍結　5
キウイジャム　36
生地　56,58,61,64
急速凍結　5
魚介類加工品　51
クエン酸　83,93
くこ酒　84
グルテン　60
グレープフルーツの果汁入り
　　飲料　38,104
燻製品　7
結合水　5
呉　67
好気性微生物　9
好熱細菌　3
酵母　3
好冷細菌　3
Codex　5
氷結晶　5
黒変　10
コハク酸　83
小麦粉　64
　　強力粉　56,59,62,64
　　中力粉　56,59
　　薄力粉　56,62

さ 行

細菌　3
最高発育温度　3
最高pH域　8
最大氷結晶生成帯　5
最低温度域　3
最低発育温度　4
最低pH域　8
最適温度域　3
魚の粕漬け・味噌漬け　53
酢酸菌　8
殺菌　10
酸処理法　19
塩干品　97
しそ酒　85
シソニン　73
至適pH域　8
JAS規格　47
JAS法　5
ジャム　28
シュウ酸　93
ジュース　37
自由水　5
酒石酸　83,93
消費期限　11
しょう油　65
ショートニング　60
食塩の定量　92
食肉の大和煮　49
食パン　60
シラップ漬け　19
白身魚　100
真空包装食品　16
真空巻締機　10
水中油適型　79
水分活性　3,5,6,7,91

──測定　98	塗装缶　10	花らっきょう　71
スケトウダラ　52	トマトケチャップ　77	ハム　47
スターター　40,43,106,109	トマトジュース　37	パルメザンチーズ　81
Sterilization　10	トマトソース　80	ピクルス　69
スパゲティ　62	トマトピューレー　77	サワーピクルス　69
すもも酒　84	ドリップ　5	スウィートピクルス　69
すり身　52,100		ピザ　64
生菌数測定　98	**な　行**	微生物　3
青変　10	梨のシラップ漬け　25	病原菌　3
ソーセージ　47	ナチュラルチーズ　44	びわのシラップ漬け　23
そば　58	生乳　106	びん詰　9
	日本農林規格　11	びんの種類　13
た　行	日本冷凍食品協会　5	フェオフィチン　70
耐熱性　4	乳酸飲料　40,109	普通牛乳　109
脱気　9	乳酸菌　8	物性測定　94
脱脂粉乳　45,106,111	乳脂肪　45,111	ブドウジャム　35
弾力試験　52	乳製品　40,106	ブドウ糖　82
畜肉加工品　47	ニンニク酒　85	腐敗　3
チャーニング　42	ぬかみそ漬け　75	──菌　3
中温細菌　3	練り製品　100	Flat Sour　10
調理冷凍食品　5	農産加工品　56	ブリキ缶　10
漬け物　69		ブルーベリージャム　32
低温細菌　3	**は　行**	プルーンジャム　31
デキストリン　82	パインアップルシャーベット　39	フレッシュパスタ　62
滴定酸度　93	パインアップルのシラップ漬け　24	プロセスチーズ　44
滴定法　92	麦芽糖　82	ベーコン　47
テクスチュロメーター　94	白菜漬け　74	pH　3,70,89
手持屈折計　90	白菜の甘酢漬け　76	──試験紙法　89
電気的測定法　92	バジルペースト　81	ペクチン　22,28
糖蔵品　7	パスタ　62	変敗発生率　9
糖度　90	Pasteurization　10	胞子　3
──計　90	バター　42	放射線殺菌　3
豆乳　67	甘性バター　42	包装素材　16
豆腐　67	酸性バター　42	ホエー　44
絹ごし　67	発酵パン　60	ボツリヌス菌　9
袋入り　67		ポリフェノール　22
木綿　67		

ま　行

マーマレード　33, 102
またたび酒　85
マヨネーズ　79
ミオシン　100
みかん酒　83
みかんのシラップ漬け　19
味噌　65
ミックスピザ　64
密封　9, 10
無発酵パン　60
めん帯　56
めん線　56
もち米　82

もも　23
　黄肉種　22
　白肉種　22
　——のシラップ漬け　22

や　行

山いも　59
有機酸　9, 83
　——の定量　93
容器包装リサイクル法　16
洋梨　25
ヨーグルト　43, 106

ら　行

らっきょう甘酢漬け　71

卵白　59
リンゴ酸　83, 93
りんごジャム　30
　プレザーブタイプ　30
りんごのシラップ漬け　26
ルチン　58
冷凍食品　5
レオメーター　94, 101
レシチン　79
レトルトパウチ食品　9
レモンチェッロ　86

わ　行

和梨　25

しょくひんかこうがくじっしゅう・じっけん	
食品加工学実習・実験	

2008年3月8日 初版1刷発行	くにさき なおみち 國﨑 直道 編
2012年1月20日 2刷発行	発 行 者　片岡 一成
2014年6月30日 3刷発行	印刷所・製本所　㈱シナノ
2017年2月20日 4刷発行	発 行 所　㈱恒星社厚生閣
2019年8月5日 5刷発行	〒160-0008　東京都新宿区四谷三栄町3-14
2021年3月10日 6刷発行	TEL：03(3359)7371(代)
	FAX：03(3359)7375
	http://www.kouseisha.com/
(定価はカバーに表示)	

©N. Kunisaki, 2021 Printed in Japan
ISBN978-4-7699-1074-9　C3077

JCOPY ＜出版者著作権管理機構 委託出版物＞

本書の無断複製は著作権法上での例外を除き禁じられています。複製される場合は、そのつど事前に、出版者著作権管理機構（電話03-5244-5088、FAX03-5244-5089、e-mail:info@jcopy.or.jp）の許諾を得てください。